LA GÉOLOGIE

DANS LES ÉCOLES NORMALES

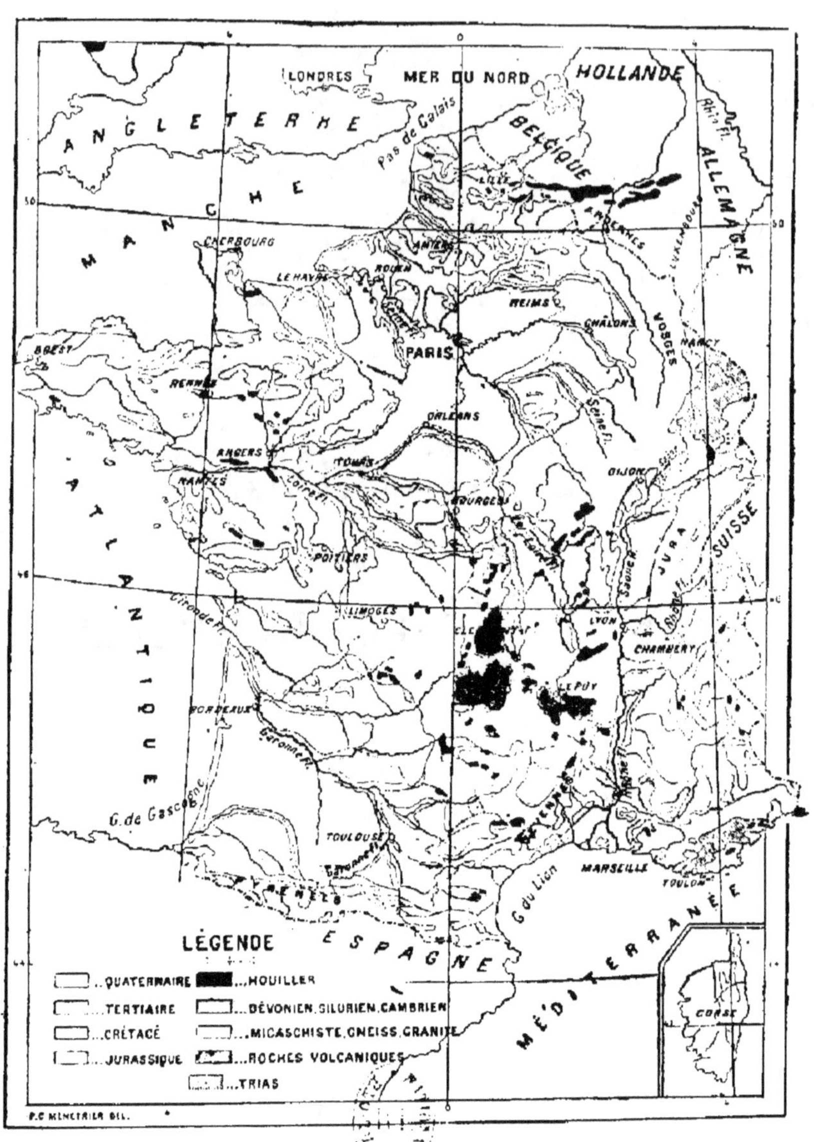

CARTE GÉOLOGIQUE DE LA FRANCE

LA
GÉOLOGIE

DANS

LES ÉCOLES NORMALES

A L'USAGE

Des Maîtres et des Élèves des Écoles normales, des Écoles primaires supérieures et des Établissements d'enseignement secondaire classique et moderne

PAR

M. DAUZAT

INSPECTEUR DE L'ACADÉMIE DE PARIS

Agrégé des Sciences

Ouvrage illustré d'une carte géologique et de 50 figures dont 4 coupes géologiques

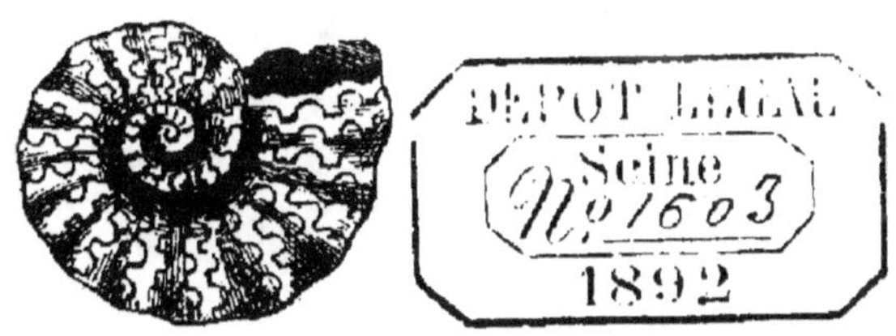

PARIS

ALCIDE PICARD ET KAAN

ÉDITEURS DE LA SOCIÉTÉ DES ANCIENS ÉLÈVES DE St-CLOUD

11, RUE SOUFFLOT, 11

AVANT-PROPOS

Cette étude sur le programme de géologie des Écoles Normales, dont l'interprétation impose au professeur la double tâche d'instruire et de préparer à l'enseignement, nous a fait entrer dans de nombreux détails théoriques, pratiques et pédagogiques.

Aussi pensons-nous que les maîtres et les élèves des Établissements d'enseignement secondaire, comme ceux des Écoles Normales, pourront glaner quelque chose dans notre petit livre, y trouver tout au moins réunis des renseignements que donne seule la consultation de plusieurs ouvrages.

M. D.

I

INTRODUCTION

S'il est une science utile et remarquable entre toutes par ses applications aussi importantes que nombreuses et variées, par les liens étroits qui l'unissent à la plupart des autres sciences dont elle réclame l'appui ou auxquelles elle prête le sien, par l'attrait particulier qu'elle exerce sur notre esprit, en offrant à ses méditations quelques-unes des plus belles pages de la nature et de ses secrets, c'est assurément la Géologie qui raconte, d'après des monuments authentiques, la longue et merveilleuse histoire de la terre, en nous donnant le spectacle des phénomènes grandioses de ses révolutions successives; en faisant apparaître à nos yeux étonnés tous ces mondes curieux et à jamais éteints de plantes et d'animaux qui la peuplèrent aux différents âges de sa formation; en nous dévoilant toutes les richesses minérales qu'elle recèle dans les profondeurs de ses vastes entrailles.

L'astronomie lui fournit les données relatives à l'état primitif, au mouvement de rotation, à la forme extérieure et aux dimensions de la terre. La physique lui fait connaître la distribution des températures à la surface et à l'intérieur de l'enveloppe terrestre comme au sein des mers, et fixe les climats; elle explique, avec le concours de la mécanique et de la chimie, le plus grand nombre des phénomènes géologiques; et c'est encore à la physique et à la chimie qu'est due la connaissance des roches et de leurs éléments. De leur côté, la zoologie et la botanique interviennent de la manière la plus efficace dans l'étude des terrains, par la détermination des fossiles et la mise en lumière du mode d'existence des êtres qui les animaient.

A son tour, la géologie éclaire la géographie physique sur l'origine des montagnes, des vallées, des lacs et des îles, sur l'orientation de ces mêmes montagnes, sur la constitution et l'activité des volcans, sur la nature, la manière d'être et le degré de fixité des côtes, sur le régime des fleuves et des rivières. Elle révèle à la géographie économique les gisements des matières utiles et les causes de la situation des villes industrielles et commerçantes ; elle recule le point de départ de l'histoire du genre humain; c'est par elle surtout que la botanique et la zoologie expliquent la répartition des plantes et des animaux à la surface de la terre, et c'est d'elle qu'elles reçoivent une preuve marquante de la transformation des espèces, du principe général de la sélection naturelle. La science de l'ingénieur est faite en grande partie de très sérieuses études géologiques, afin d'assurer la bonne exécution des travaux qui exigent la connaissance de l'architecture terrestre, tels que le forage des puits, l'établissement des routes, des canaux et des chemins de fer, le percement des tunnels, le creusement des bassins maritimes, l'exploitation des mines et des carrières, l'aménagement des sources minérales, etc. L'architecte lui-même doit se rendre compte de la nature du terrain sur lequel il se propose de faire bâtir et avoir des idées précises sur la qualité et les lieux d'extraction des matériaux de construction. Il n'est pas jusqu'à l'agriculteur que la géologie n'intéresse, car elle lui fait connaître la composition du sol qu'il travaille et les moyens de l'amender, pour le rendre propre aux cultures de son choix.

Mais où la géologie a surtout droit à notre admiration, c'est quand elle nous découvre cette succession, partout dans le même ordre, de roches si diverses et si nombreuses, disposées par couches parallèles, dont la superposition pendant des milliers de siècles a formé la croûte terrestre, et qu'elle nous fait assister aux multiples révolutions qui en ont amené le dépôt; c'est quand elle nous expose de quelle manière les êtres vivants sont apparus et se sont succédé sur la terre, des plus simples aux plus richement organisés, en subissant d'une époque à l'autre des transformations profondes qui les préparaient à la vie actuelle; c'est par la reconstitution des races éteintes, sur la seule connaissance de quelques vestiges caractéristiques; c'est par la détermination de l'âge des montagnes, le tracé de la forme des terres et des océans, aux différentes époques géologiques; en un mot, c'est par la magistrale description qu'elle nous fait, avec une rigoureuse exactitude, d'un passé très long, très mystérieux et des plus intéressants, qui se termine par l'apparition de l'homme.

Un ordre d'études dont l'attrait est si grand, qui offre tant de points communs avec les diverses branches de la science contemporaine, qui intervient si fréquemment dans les choses de la vie pratique, qui a le don puissant de provoquer l'effort et la réflexion dans les esprits, en d'autres termes, qui possède un pouvoir suggestif et une vertu éducative portés à un très haut degré, devait nécessairement avoir sa place marquée dans nos Écoles Normales, où se préparent les premiers maîtres de la jeunesse française.

Ce besoin, cependant, n'a été reconnu et satisfait que dans ces dernières années, à l'époque où se firent les grandes réformes destinées à fortifier, en le rajeunissant, notre enseignement national et à rendre à l'Université l'entière et libre possession de son domaine.

Il faut bien dire aussi que la science géologique n'appartient réellement qu'au XIXe siècle. Nous ne sommes pas éloignés, en effet, du temps où l'on regardait comme des coquillages abandonnés par les pèlerins les fossiles trouvés sur quelques hauteurs des Alpes; comme des amas de lentilles pétrifiées les nummulites d'Égypte; comme les restes d'hommes géants antédiluviens les ossements des gigantesques mammifères de l'ère tertiaire.

L'instruction sur l'application des programmes d'enseignement dans les Écoles Normales, arrêtés par décision ministérielle du 3 août 1881, s'exprime de

la manière suivante, au sujet des sciences naturelles :
« Jusqu'à ce jour, l'enseignement des sciences natu-
« relles n'existait pas en réalité dans les Écoles Nor-
« males, ou tout au moins il y était si rudimentaire
« et si mal défini, qu'il ne pouvait laisser de traces
« durables dans l'esprit des élèves. Deux leçons par
« semaine en première année pour la botanique et la
« zoologie, c'est tout ce que le règlement du 2 juil-
« let 1866 accordait à cette étude ; de la géologie, il
« n'en était pas question. L'arrêté du 3 août a rendu
« à ces sciences, dont l'attrait est si puissant et l'étude
« si facile, quand elle n'est pas poussée trop loin, la
« place qui leur revient dans un plan général d'édu-
« cation. »

Ce programme du 3 août 1881 qui répartissait les matières de géologie entre la première et la troisième année d'études, était ainsi conçu :

PREMIÈRE ANNÉE

Notions sur la constitution du globe. — Sources thermales. — Geysers. — Tremblements de terre. — Volcans. — Origine des chaines de montagnes.

Roches ignées fondamentales. — Roches stratifiées ou de sédiment. — Animaux et végétaux fossiles. — Indication des principales roches que l'on trouve à la surface du sol, ou qui sont mises à découvert par les travaux des carrières, des mines, des galeries souterraines, etc.

TROISIÈME ANNÉE

Phénomènes géologiques actuels. — Modification continue du sol.

— Dégradation des roches par l'action de l'eau et de l'air. — Dénudation. — Recul des falaises. — Creusement des vallées. — Dépôts de sable, de vase. — Formation des deltas. — Décomposition des roches granitiques. — Argile; kaolin.

Glaciers; moraines; blocs erratiques.

Dunes.

Chaleur interne propre de la terre.

Tremblements de terre. — Volcans.

Soulèvements et affaissements lents.

Utilisation de ces données, pour l'explication des phénomènes géologiques anciens.

Origine des terrains ignés et des terrains stratifiés ou sédimentaires. — Terrains métamorphiques.

Modifications successives de ces terrains, par suite des tremblements de terre et des phénomènes volcaniques.

Montagnes; leurs âges relatifs.

Principales roches ignées. — Filons.

Roches stratifiées ou de sédiment.

Utilité des fossiles (animaux et végétaux) pour caractériser les terrains et les étages.

Division des terrains de sédiment en terrains primaires ou de transition, terrains secondaires, terrains tertiaires, terrains quaternaires. — Subdivision de ces divers terrains. — Leurs caractères distinctifs. — Principaux fossiles qu'ils renferment.

Insister sur les roches les plus importantes, soit par l'étendue et l'épaisseur des couches qu'elles forment, soit par les usages auxquels elles servent.

Étude de la carte géologique de la France dans ses traits principaux. — Histoire de la formation du sol de la France.

La part faite dans cet enseignement aux élèves de première année résultait de ce que ces jeunes gens, qui entraient alors à l'École Normale sans titre de capacité, devaient subir, à la fin de leur première année d'études, l'examen du brevet élémentaire, pour lequel on exigeait déjà quelques connaissances de sciences physiques et naturelles.

Un arrêté ministériel du 10 août 1885, pris sur

l'avis seul de la section permanente du Conseil supérieur de l'Instruction publique, pour « mettre en « harmonie les études dans les Écoles Normales avec « le règlement du 30 décembre 1884 », qui avait introduit de nouvelles épreuves dans l'examen du brevet élémentaire, modifia provisoirement, sur quelques points, le plan d'études du 3 août 1881. Le programme de géologie ne subit qu'un très léger changement; la seule différence qu'il présentait avec l'ancien consistait dans l'addition, pour la première année, de l'alinéa suivant :

Terre arable; son origine; sa constitution. — Travaux agricoles; outils aratoires; principales espèces de sols; drainage; engrais naturels et artificiels; semailles et récoltes.

Enfin l'obligation, inscrite à l'article 70 du décret du 18 janvier 1887, pour tout candidat aux Écoles Normales, de posséder le brevet élémentaire, devait amener un remaniement dans la répartition des matières d'enseignement et dans les programmes de ces écoles. Ces modifications furent l'objet de l'arrêté du 10 janvier 1889. La géologie, qui n'avait plus de raison d'être en première année, passait tout entière dans le cadre de la troisième année, et le nouveau programme était fixé comme il suit :

TROISIÈME ANNÉE

A. — Géologie.

Généralités sur les principaux phénomènes géologiques de l'époque actuelle

Utilisation de ces données pour l'explication des phénomènes géologiques anciens.

Origine des terrains ignés et des terrains stratifiés ou sédimentaires. — Terrains métamorphiques.

Montagnes : leurs âges relatifs.

Principales roches ignées. — Filons.

Roches stratifiées ou de sédiment.

Fossiles : leur utilité pour caractériser les terrains.

Division des terrains de sédiment en terrains primaires ou de transition, terrains secondaires, terrains tertiaires, terrains quaternaires. — Leurs caractères distinctifs. — Fossiles caractéristiques.

Prendre comme exemple la constitution géologique du sol dans la contrée.

Ce programme ne diffère de celui de 1881 que par quelques points qui tiennent généralement plus à la forme qu'au fond. D'abord, la rédaction en est plus concise; à cet égard, le Conseil supérieur a suivi l'opinion de la Commission instituée par l'arrêté du 23 août 1888, qui avait exprimé l'avis que « des pro- « grammes détaillés peuvent être très utiles pour « telle matière d'enseignement s'adressant à telle « catégorie d'élèves, qu'ils seraient moins nécessaires « pour telle autre matière et pour des jeunes gens « plus avancés. » Ainsi, aux dix premières lignes de l'ancien programme, on a substitué une indication générale très courte dont ces lignes n'étaient que le développement. D'un autre côté, pour couper court,

sans doute, à toute exagération dans les nomencla-
tures, on a remplacé, dans la partie relative à l'étude
des terrains, les mots « principaux fossiles qu'ils renferment », par l'expression plus heureuse « fossiles
caractéristiques », et l'on a supprimé le passage qui
visait les « subdivisions de ces divers terrains ». Quant
aux notions sur la « constitution du globe » et les
« modifications successives des terrains, par suite des
« tremblements de terre et des phénomènes volca-
« niques », tout en ayant disparu de la nouvelle rédaction, elles rentrent implicitement dans le cadre du
programme. Il en est de même du paragraphe « In-
« sister sur les roches les plus importantes, soit par
« l'étendue et l'épaisseur des couches qu'elles forment,
« soit par les usages auxquels elles servent », que
l'on pourrait considérer d'ailleurs plutôt comme une
direction pédagogique que la mention d'un point spécial à développer.

Mais on a fait disparaître l' « Étude de la carte
« géologique de France dans ses traits principaux »,
ainsi que « l'Histoire de la formation du sol de la
« France ».

L'addition, *in fine*, de la phrase « Prendre comme
« exemple la constitution géologique du sol dans la
« contrée », n'ajoute rien à l'ancien programme;
c'est un excellent conseil qui a pour but d'imprimer
au cours son véritable caractère, en le rendant d'autant plus intelligible et profitable qu'il sera moins
abstrait.

Les différences entre les deux programmes étant
ainsi bien marquées pour aider à faire ressortir dans

quel esprit s'est faite la rédaction du nouveau, exa-
minons quelles devront être, pour ce dernier, les
limites à lui assigner, ainsi que l'ordre et la méthode
à suivre pour le développer.

Ensuite, nous parlerons des excursions géologiques,
des travaux du laboratoire, et nous terminerons en
indiquant ce que pourraient être les collections pour
cet ordre d'enseignement.

II

MÉTHODE ET DÉVELOPPEMENT DES PROGRAMMES

La mission de l'École normale n'est pas de faire des savants; son rôle, plus modeste, sinon plus facile à remplir, consiste à préparer des maîtres primaires intelligents ayant des vues nettes, précises, bien définies sur les différentes matières qu'ils auront à enseigner, connaissant surtout les moyens les plus directs, les plus sûrs, les meilleurs en un mot, pour communiquer aux autres ce qu'ils auront appris eux-mêmes.

La simplicité, l'ordre et la clarté importent donc beaucoup pour tout ce qui se fait à l'École normale, et, s'il est un enseignement où il faille s'astreindre à aller toujours graduellement du connu à l'inconnu, du simple au complexe, du concret à l'abstrait, des effets aux causes, du particulier au général, de l'analyse à la synthèse des faits, c'est bien, dans son ensemble, celui qui s'adresse à de futurs instituteurs et, tout spécialement, la partie relative aux sciences naturelles, où l'on devra, en outre, définir et préciser avec soin les termes du vocabulaire et mettre sans cesse l'élève en présence de la nature.

En appliquant ces principes à la géologie, qui a pour objet l'étude de la terre dans sa configuration externe, la constitution de son écorce, les causes diverses qui ont présidé et président encore à ses modifications successives, il me semble rationnel de commencer le cours par quelques données relatives à la forme du globe, à ses dimensions, à son état extérieur, à la distribution générale des mers et des continents, et à l'atmosphère.

On ferait ensuite remarquer que les produits que l'on extrait du sol, en prenant les plus connus, tels que les marbres, les grès, les ardoises, la pierre à chaux, l'argile, le sable, les minerais divers, toutes matières que l'on appelle des *roches*, sont très différents les uns des autres par leur facies et leur nature ; qu'ils occupent parfois des espaces très étendus et que, n'étaient les eaux et la mince couche de terre végétale, avec le manteau de verdure qui la recouvre, la surface de la terre nous présenterait, par le grand nombre de ses roches visibles, leurs limites extérieures et leurs aspects particuliers, un dessin aussi riche par la diversité de ses couleurs qu'irrégulier dans ses traits et compliqué dans l'agencement de ses lignes.

Et l'on ajouterait que cette surface, immédiatement en contact avec la terre végétale qu'elle supporte, s'étend sur toute notre planète, constituant ainsi le fond des mers et le revêtement des vallées et des montagnes ; que c'est à elle que commence la partie vraiment curieuse de la croûte terrestre, celle d'où l'on retire les matériaux si précieux et si variés que l'industrie utilise sous toutes les formes, et qui sera le principal objet des leçons du professeur.

Alors seulement, on pourrait aborder l'étude proprement dite de la géologie, en commençant par ce que l'on peut voir et toucher, pour remonter ensuite aux raisons d'être des choses; c'est-à-dire qu'on ferait d'abord l'étude des roches, puis celle des causes qui les ont produites et des phases successives de leur formation. On terminerait avec les applications, ce côté pratique de la science sur lequel nous devons appeler tout particulièrement l'attention de nos élèves-maîtres, parce qu'il sera le fonds où, plus tard, ils iront puiser les sujets de leurs petites leçons de sciences.

Le cadre et l'agencement général des matières du programme seraient donc établis comme il suit :

1º Éléments de la croûte terrestre ;
2º Agents qui ont concouru à sa formation ;
3º Formation de la croûte terrestre ;
4º Géologie appliquée.

Cependant nous verrions peu d'inconvénients à ce que l'on mît après l'étude particulière des roches importantes celle de l'architecture de l'enveloppe terrestre, pour ne traiter qu'en troisième ligne les causes ou les origines des divers terrains. Toutefois, en nous arrêtant à un autre ordre pour ces trois grandes divisions du cours, nous avons pensé que la description gagnerait considérablement à être éclairée par l'histoire des phénomènes.

§ I. — ÉLÉMENTS DE LA CROUTE TERRESTRE

Le professeur mettra sous les yeux des élèves des échantillons des principales roches : granite, syénite, diorite, porphyre, trachyte, basalte ; gneiss, micaschiste, ardoise ; sable, grès, silex, craie, marbre, calcaire, argile, houille, gypse, etc. Il fera constater rapidement les différences qu'ils présentent entre eux sous le rapport de la structure, de la couleur, de la densité ; il montrera qu'un grand nombre de ces roches sont formées par la juxtaposition, le mélange plus ou moins intime, d'éléments divers, souvent cristallisés, qui sont des *minéraux* proprement dits et dont l'étude devra précéder celle des roches.

Pour préparer cette étude des principaux minéraux constituants des roches, qui sera très élémentaire, il fera une courte exposition des caractères généraux à l'aide desquels on les distingue les uns des autres : la forme, le système de cristallisation quand il y a lieu, le clivage, la cassure, la couleur, l'éclat, la transparence, la dureté, la friabilité, la flexibilité, la fusibilité, la densité, en ne laissant pas ignorer cependant que les observations faites d'après ces données doivent être souvent complétées par l'analyse chimique, qui cesse d'être un moyen élémentaire de recherches, et l'examen des caractères optiques (réfraction simple, double réfraction, étude des plaques minces en lumière polarisée), qui n'appartient qu'à l'enseignement supérieur, au laboratoire des savants, minéralogistes ou pétrographes.

Sur les systèmes de cristallisation, il suffirait de faire connaître les 6 formes types (cube, prisme droit à base carrée, prisme hexagonal régulier, prisme rhomboïdal droit, prisme rhomboïdal oblique, prisme doublement oblique) et les principales formes dérivées qui se rattachent à ces systèmes, celles que l'on trouve le plus communément répandues dans la nature. Pour cela, il serait utile que le professeur eût sous la main des solides en bois, en carton ou en plâtre, représentant ces formes cristallines. Leur confection, ouvrage de menuiserie, de cartonnage ou de stéréotomie, pourrait être confiée aux soins des élèves-maîtres pendant leurs heures d'exercices de travaux manuels. (Voir, p. 22, quelques formes cristallines de minéraux).

On définirait ensuite le clivage ; on montrerait, avec quelques échantillons bien choisis, que cette opération, très facile sur certains minéraux, est très difficile sur d'autres, et que s'il en est qui n'ont pas de clivage ou n'en ont qu'un, comme le mica et le gypse, d'autres en ont deux, comme l'amphibole et le pyroxène ; trois, comme la galène ; quatre, comme la fluorine, et même six, comme la blende. On pourrait faire suivre ces indications des rapprochements les plus simples entre le nombre et la direction des clivages avec les systèmes cristallins auxquels ils peuvent appartenir : trois clivages égaux appartenant, suivant leur position, au premier ou au troisième système ; deux clivages égaux rectangulaires appartenant au second, etc.

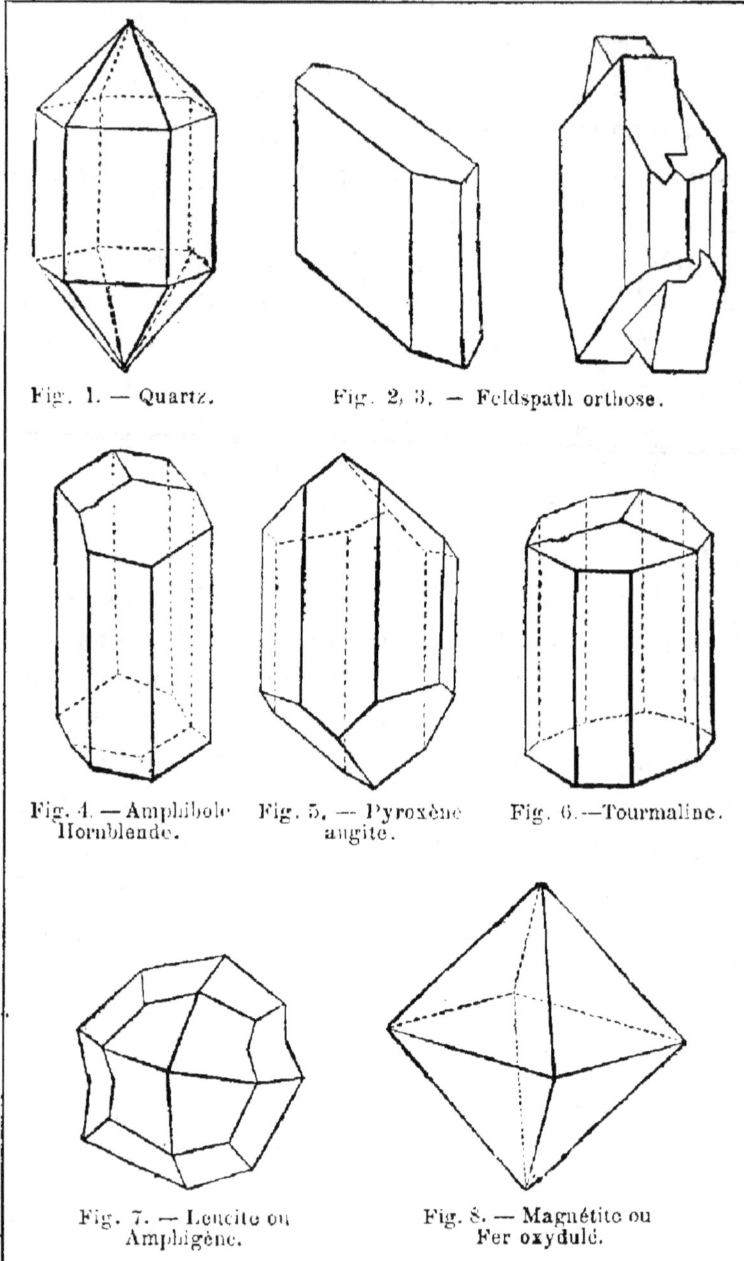

Fig. 1. — Quartz.
Fig. 2, 3. — Feldspath orthose.
Fig. 4. — Amphibole Hornblende.
Fig. 5. — Pyroxène augite.
Fig. 6. — Tourmaline.
Fig. 7. — Leucite ou Amphigène.
Fig. 8. — Magnétite ou Fer oxydulé.

De la cassure, on mentionnerait les différents genres, avec échantillons à l'appui : cassure unie, inégale, terreuse, écailleuse, conchoïdale.

Pour la couleur, on distinguerait les couleurs métalliques et les couleurs non métalliques; on ferait voir que bien souvent la couleur de la masse d'un minéral diffère de celle de sa poussière; que la couleur réfléchie n'est pas toujours la même que la couleur par transparence; qu'on observe sur certains minéraux des changements de coloration avec le sens suivant lequel on les regarde; enfin, que, s'il en est qui possèdent une couleur propre, beaucoup n'en ont que d'accidentelles dues à des matières étrangères ou à leur composition.

On signalerait les diverses sortes d'éclats : métallique (métaux natifs, quelques sulfures), métalloïde (anthracite), vitreux (quartz), adamantin (diamant), résineux (opale), nacré (mica), soyeux (gypse fibreux).

On distinguerait la transparence, la demi-transparence, la translucidité et l'opacité.

Pour la dureté, qui s'apprécie par la résistance à la rayure, et non par la résistance au choc qui caractérise la ténacité, on donnerait l'échelle à dix termes de Mohs :

10 Diamant,
9 Corindon,
8 Topaze,
7 Quartz,
6 Orthose,
5 Apatite,
4 Fluorine,

3 Calcaire,
2 Gypse,
1 Talc,

dans laquelle chaque échantillon, du dixième au premier, raye tous ceux qui le suivent et n'est rayé par aucun de ceux qui le précèdent, et qui permet d'exprimer la dureté d'un minéral par l'un des dix premiers nombres entiers, celui qui se trouve en regard du type qui cesse dans l'ordre descendant de rayer ce minéral. On n'oublierait pas de faire la remarque très importante, parce qu'elle donne le moyen d'abréger les essais, que les numéros 1 et 2 sont rayés par l'ongle, les 5 premiers par une pointe d'acier, et les 6 premiers par le verre.

Sur la friabilité, qui résulte du défaut de ténacité, il y aura peu à dire, ainsi que sur la flexibilité des lamelles de minéraux et sur la fusibilité; mais, sur la densité, le professeur pourra indiquer, en dehors des méthodes apprises au cours de physique, quelques-uns des procédés rapides utilisés par les minéralogistes (balances de Jolly, etc.).

Quant aux essais chimiques, nous conseillons d'en faire très peu, de les limiter rigoureusement aux plus élémentaires. La composition de la plupart des minéraux est trop complexe pour que nos élèves-maîtres entreprennent des analyses de ce genre. En dehors de l'action de la chaleur et des acides, de quelques réactions simples et bien définies, tout au plus pourrait-on, à titre de curiosité, montrer comment on peut mettre en évidence la nature du métal d'un minerai, en faisant des essais au borax, au nitrate de cobalt, ou par la coloration de la flamme : les premiers consistant à fondre, à l'extrémité d'un fil de platine recourbé en un petit anneau, du borax qui donne une perle incolore et dissout dans cet état la poussière du minéral, en prenant des couleurs caractéristiques différentes, suivant que la perle est portée à la flamme d'oxydation ou à la flamme de réduction ; les seconds, à voir la couleur que prennent certaines substances, des oxydes en particulier, lorsqu'elles sont fortement chauffées au chalumeau, après avoir été humectées d'une solution de nitrate de cobalt ; les troisièmes, à rechercher la coloration de la flamme oxydante par l'introduction d'éclats minces ou de poudre du minerai.

Nous résumons dans des tableaux (p. 26) les plus intéressantes de ces réactions.

Après avoir fait, pour les minéraux, l'exposé général des caractères qui doivent servir à les différencier, on en abordera l'examen spécial, en les réduisant à un très petit nombre, à ceux que l'on rencontre le plus souvent, soit libres, soit associés dans la constitution des roches.

Cette étude devra comprendre, avec les formes que peut revêtir chaque minéral, ses autres propriétés physiques, ses propriétés chimiques quand on pourra les mettre en évidence par des expériences simples, les noms des roches les plus connues où ils entrent en composition, et l'indication de quelques gisements remarquables.

La liste des minéraux à examiner, nous la borne-

ESSAIS AU BORAX

Minéraux à base de :	Couleur au feu d'oxydation	Couleur au feu de réduction
Fer	Jaune	Vert bouteille
Manganèse	Violet améthyste	Incolore
Chrome	Verte	Verte
Cobalt	Bleue	Bleue
Cuivre	Bleue	Rouge opaque
Nickel	Grise	Jaune foncé

COLORATION DE LA FLAMME AU FEU DE RÉDUCTION

Minéraux à base de :	Coloration
Calcium	Rouge jaunâtre
Sodium	Jaune
Baryum	Vert jaunâtre
Cuivre (sans Cl. en combinaison)	Vert émeraude
Cuivre (avec Cl. en combinaison)	Bleue bordée de pourpre
Potassium	Violette

ESSAIS AU NITRATE DE COBALT

Oxydes de :	Couleur
Magnésium	Chair
Aluminum	Bleue
Zinc	Verte

rons à la suivante (p. 28, 29), que nous présentons avec une classification naturelle accompagnée des renseignements les plus utiles sur les propriétés caractéristiques de chacune des espèces que nous y faisons figurer.

Il suffira de deux ou trois leçons pour donner aux élèves ces quelques notions de minéralogie, préface indispensable de la description des principales roches que l'on trouve à la surface ou dans l'intérieur du sol.

L'examen des roches devra s'ouvrir par une classification dont la base, facile à établir, sera leur division en *pierres, minerais, et matières combustibles.* Au besoin, chaque groupe, le premier en particulier, aura des subdivisions que l'on justifiera par une similitude de composition pour les espèces à réunir, par des différences pour les séparations à opérer.

Il va sans dire que, dans cette entrée en matière, toute classification reposant sur des faits que les élèves ne connaîtront que plus tard serait hors de propos, et que les expressions de roches éruptives, roches sédimentaires, etc., ne pourraient y trouver leur place.

Ce travail terminé, le professeur passera en revue les types et les variétés qu'il se proposera de décrire, en suivant, pour les roches simples, qui sont généralement de véritables minéraux, les indications que nous avons déjà données, en examinant particulièrement, pour les autres, la composition, la structure, le facies, la couleur, la densité, la ténacité, etc.

Nous avons réuni dans un tableau (pages 31, 32, 33)

PRINCIPAUX MINÉRAUX

		COMPOSITION
Oxydes............	Quartz..............	SiO^2
	Magnétite ou fer oxydulé..............	Fe^3O^4
Silicates simples....	Amphibole hornblende.	Silicate de MgO + CaO + FeO + Al^2O^3
	Pyroxène augite......	Silicate de CaO + MgO + FeO + Al^2O^3
	Péridot Olivine.......	Silicate de MgO + FeO
	Talc................	Silicate de MgO
Silicates doubles....	Feldspath orthose....	Silicate double de Al^2O^3 + KO
	Sanidine............	Variété d'orthose
	Leucite.............	Silicate double de Al^2O^3 + KO
	Néphéline...........	Silicate double de Al^2O^3 + (NaO + CaO)
	Chlorite écailleuse....	Silicate double de Al^2O^3 + (FeO + MgO)
	Mica................	Silicate double de (Al^2O^3 + Fe^2O^3) + (KO + MgO + NaO + LiO)
Silicio-borate........	Tourmaline..........	Silicio-borate de (Al^2O^3 + Fe^2O^3 + Mn^2O^3) + (MgO + FeO + LiO + NaO)

CONSTITUANTS DES ROCHES

Forme cristalline ordinaire	Couleur	Autres propriétés
Prisme hexagonal surmonté d'une pyramide.	Variable, de l'incolore au noir.	Double réfraction.
Octaèdre.	Noir de fer.	Magnétique.
Prisme à 6 faces avec sommet à 3 faces. Mâcles fréquentes	Noire ou vert foncé.	Fusible.
Prisme à 8 faces avec dôme. Mâcles fréquentes.	Noire ou vert foncé.	Fusible.
Prisme rhomboïdal droit.	Verte, jaune ou brune.	Fait gelée avec les acides.
Lames hexagonales flexibles non élastiques.	Verdâtre.	Très onctueux au toucher. Coloration rose avec solution de cobalt.
Prisme rhomboïdal oblique modifié sur ses faces latérales. Souvent aplati. Mâcles fréquentes.	Variable, généralement claire.	
Id.	Blanche ou grisâtre, translucide.	Fendillée.
Ressemble au Trapézoèdre.	Blanche, grise, jaunâtre.	Attaquable par les acides sans faire gelée,
Prisme hexagonal.	Incolore, blanche ou grisâtre.	Fusible, fait gelée avec les acides.
Lames hexagonales flexibles, peu élastiques.	Verte.	Donne de l'eau. Attaquable par HCl concentré.
Lames hexagonales flexibles et élastiques	Variable, du blanc aux teintes foncées.	S'exfolie.
Prisme à 9 ou 12 faces avec sommet rhomboédrique.	Variable, de l'incolore au noir.	Pyroélectrique.

les roches auxquelles nous semblerait appartenir la priorité dans cette étude; elles sont les plus répandues ou les plus connues, et à beaucoup d'entre elles se rattachent la plupart des autres, surtout dans le groupe des roches silicatées. Nous y avons inscrit pour chaque espèce quelques indications caractéristiques fondamentales.

Cette première partie du cours pourrait se terminer utilement par une idée très sommaire de la disposition et de l'ordre de succession des roches, des profondeurs à la surface du sol. Car nous croyons qu'il n'est pas nécessaire d'attendre plus longtemps pour donner un aperçu de faits qui ne relèvent que de la simple observation et qui auront l'avantage d'éclairer d'un jour tout particulier la suite de cet enseignement.

On pourrait, à cet égard, se borner à dire que les roches, si l'on en excepte celles que nous avons désignées sous le nom de feldspathiques, sont généralement disposées par couches horizontales; que les exceptions ne sont dues qu'à des bouleversements du globe; que dans ces roches à bancs parallèles, l'ordre de succession de bas en haut est à peu près le suivant : gneiss, schistes, grès, marbres, anthracite, houille, calcaires divers, marnes, argiles, craie, sables, tourbe; que d'ordinaire ces roches sont d'autant plus compactes et tenaces qu'elles sont plus profondes — en réservant pour plus tard l'explication du fait; — que les autres, celles que l'on a mises à part, ne présentent aucune direction particulière et se rencontrent

CLASSIFICATION ET PROPRIÉTÉS CARACTÉRISTIQUES DES PRINCIPALES ROCHES
QUI CONSTITUENT LA CROUTE TERRESTRE

Abréviations : F : feldspath. — Q : quartz. — M : mica. — A : amphibole. — P : pyroxène.

I. PIERRES

		Composition (Éléments principaux)	Structure	Couleur	Autres propriétés distinctives
ROCHES SILICATÉES	Feldspathiques avec quartz libre	Granite..........	F + Q + M (mica noir)	Grenue.	Variable.	
		Granulite........	Id. (mica blanc)	Id.	Id.	
		Protogine........	Id (mica vert)	Id.	Id.	
		Pegmatite........	Id. (mica blanc) + Tourmaline accidentelle	Id.	Id.	
		Gneiss..........	F + Q + M	Schisteuse, rubanée.	Id.	
		Porphyre quartzifère.	Id.	Semi-cristalline.	Id.	
		Porphyre pétrosiliceux.	Id.	Id.	Id.	
		Rétinite.........	Id.	Vitreuse.	Brune, verte.	Fusible au chalumeau.
	Feldspathiques sans quartz libre ; dites amphiboliques et pyroxéniques	Syénite.........	F + A + (M ou P)	Grenue.	Variable.	
		Diorite.........	F + A	Id.	Noirâtre ou blanc moucheté.	
		Trachyte........	F + (A ou M ou P)	Semi-cristalline.	Claire, grise ou rougeâtre.	Toucher âpre.
		Phonolithe......	Sanidine + Leucite ou Néphéline	Compacte.	Gris verdâtre ou jaunâtre.	Se divise en plaques sonores.
		Obsidienne......	$SiO^2 + Al^2O^3 + Fe^3O^4$ + Alcalis	Vitreuse.	Noire, brune.	Fusible au chalumeau.
		Ponce...........	Id.	Spongieuse.	Blanche, grise.	Toucher rude. Fusible au chalumeau
		Basalte.........	F + P + Magnétite + Péridot	D'apparence compacte et homogène.	Noir bleuâtre ou grisâtre.	Magnétique.
		Dolérite........	F + P	Grenue, tendance schisteuse	Vert sombre.	

		Composition (Éléments principaux)	Structure	Couleur	Autres propriétés distinctives
ROCHES SILICATÉES — Diverses	Serpentine........	Silicate de MgO hydraté.	Compacte ou fibreuse.	Variable.	Décomposable par HCl. — Perd de l'eau et noircit dans le tube fermé.
	Micaschiste.....	Q + M	Schisteuse.	Id.	
	Chloritoschiste...	Chlorite + Q	Id.	Verte.	
	Talcschiste......	Talc	Id.	Id.	
	Phyllade........	Argile + M	Id.	Variable.	Divisibilité facile.
	Argile.........	Silicate d'Al^2O^3 hydrate	Amorphe.	Variable, du blanc au noir.	Happe à la langue; forme pâte avec l'eau.
	Kaolin.........	Id.	Amorphe, friable.	Blanc jaunâtre.	Happe légèrement à la langue.
	Sable.........	Q	En grains.	Variable.	
	Silex.........	Q impur	Amorphe.	Variable, du gris au noirâtre opaque.	Cassure conchoïde ou conique.
	Grès.........	Q avec ciment.	Grenue.	Variable.	
	Calcaire........	CaO, CO²	Cristalline ou amorphe.	Variable, généralement claire.	Effervescence avec les acides.
ROCHES CARBONATÉES	Craie........	Variété de calcaire.	Amorphe, terreuse.	Blanche.	Id.
	Marne........	Argile + calcaire.	Amorphe, friable.	Variable.	Id.; happe à la langue.
ROCHES SULFATÉES	Gypse.........	CaO, SO³ + 2HO	Cristalline, fibreuse, lamellaire ou compacte.	Variable, généralement claire.	Chauffé dans un tube perd de l'eau et sa transparence

II. MINERAIS

		COMPOSITION (Éléments principaux)	STRUCTURE	COULEUR	AUTRES PROPRIÉTÉS DISTINCTIVES
SULFURES	Galène	PbS	Cristalline.	Gris bleuâtre, éclat métallique, opaque.	
	Pyrite	FeS^2	Id.	Jaune, éclat métallique, opaque.	
OXYDES	Oligiste	Fe^2O^3	Cristalline, fibreuse ou grenue.	Noir de fer ou gris d'acier, éclat métallique.	
	Limonite	$2\,Fe^2O^3 + 3HO$	Amorphe.	Brune.	

III. ROCHES COMBUSTIBLES

		COMPOSITION (Éléments principaux)	STRUCTURE	COULEUR	AUTRES PROPRIÉTÉS DISTINCTIVES
CARBONIDES	Graphite	C	Cristalline.	Noir de fer ou gris d'acier, éclat métallique, opaque.	
	Anthracite	C	Amorphe.	Noire, éclat métalloïde.	
	Houille	C impur	Id.	Noire, éclat résineux.	
	Lignite	Id.	Id.	Brune ou noire, éclat cireux.	
	Tourbe	Id.	Id.	Brune.	
	Bitume	Id.	Id.	Noir de poix ou brunâtre, éclat résineux.	
	Naphte	Carbure d'H.	Liquide.	Jaune ou brune.	Odeur aromatique ou bitumineuse.

le plus souvent en masses traversant les premières brisées, redressées, parfois même renversées sur leur passage.

Une esquisse de la contexture de l'enveloppe terrestre, quoique ainsi faite à grands traits, permettra évidemment aux élèves de suivre avec beaucoup plus de profit les explications sur le jeu de la dynamique du globe, lorsque, mis au courant des phénomènes géologiques actuels, ils auront à remonter aux phénomènes anciens.

§ II. — AGENTS QUI ONT PRÉSIDÉ A LA FORMATION DE LA CROUTE TERRESTRE

Les différentes causes qui ont participé à la constitution du sol seront divisées en agents extérieurs et en agents intérieurs.

Les premiers comprendront :

1° *L'atmosphère*,
2° *L'eau*,
3° *Les êtres vivants*.

Quand on s'occupera de l'eau, on distinguera les eaux courantes, les eaux d'infiltration, la mer et les glaciers. De toutes ces causes, on étudiera successivement les actions physiques, mécaniques, chimiques ou physiologiques, qui ont pour effet de modifier la forme ou la nature des terrains actuels.

C'est ainsi que pour l'atmosphère on signalera les

phénomènes d'érosion, de transport et de dépôt, en particulier la formation et la marche des dunes.

Pour les eaux courantes, — pluies, torrents, rivières et fleuves, — des phénomènes d'érosion (affouillements de terrains, creusements de vallées, formations de lacs), de transport (cailloux roulés), de dépôt (alluvionnements, comblements de lacs, deltas), de dégradation (altération des roches calcaires, schisteuses, silicatées : kaolinisation, dolomitisation).

Pour les eaux d'infiltration, — nappes et cours d'eau souterrains, — des phénomènes de dissolution (formation de grottes, éboulements, effrondrements), de dépôt et d'incrustation (tufs, stalactites, stalagmites, fontaines pétrifiantes) ; l'alimentation des sources de rivières et celle des puits ordinaires et artésiens.

Pour la mer, des phénomènes d'érosion (destruction des côtes, formation des galets), de transport et de dépôt (dépôts de plages et d'eaux profondes).

Pour les glaciers, des phénomènes d'érosion (roches polies, striées, moutonnées), de transport et de dépôt (cailloux polis et striés, boue glaciaire, moraines, blocs erratiques).

Pour les êtres vivants, et comme formés par les animaux, des dépôts littoraux (coquilles d'huîtres, de moules, de peignes), des dépôts d'eaux profondes (vases calcaires, siliceuses), des îles et des récifs coralliens ; comme formés par les végétaux, les tourbières, le tripoli, le travertin.

L'agent intérieur qui appellera tout spécialement l'attention du maître est la *chaleur interne*, le plus puissant de tous, par lequel s'expliquent les phénomènes volcaniques et geysériens, les dégagements gazeux et les sources thermominérales.

A la suite, on parlera des tremblements de terre dont les causes probablement multiples sont encore mal connues.

Quant aux affaissements et aux soulèvements des côtes, il faudrait renoncer à les considérer comme dus à des oscillations de certaines parties de l'écorce terrestre. Le dernier mot de la géologie sur ce point est « qu'on ne possède aucune preuve réelle de dé » placements relatifs de l'écorce terrestre pendant » toute la durée des temps historiques » et que le phénomène paraît dû aux élévations et aux abaissements du niveau de la mer, que l'on avait considéré jusqu'ici comme invariable.

§ III. — FORMATION DE LA CROUTE TERRESTRE

Cette partie du cours de géologie est assurément la plus intéressante, mais elle est aussi celle qui demande peut-être le plus de connaissances et de sagacité de la part du maître.

C'est en la parcourant, pour interpréter, dans la mesure du possible, les faits nombreux et remarquables que nous révèle la constitution du sol, que le professeur remontera des phénomènes géologiques actuels aux phénomènes anciens et, par conséquent, aura souvent recours à des hypothèses pour fournir ses explications. Se montrer prudent et circonspect dans ses affirmations toujours basées sur des faits rigoureusement établis, ne donner pour vrai que ce qui l'est réellement à l'époque présente, distinguer nettement ce qui est acquis à la science de ce qui reste encore à l'état problématique, tel devra être l'objet de sa préoccupation constante.

Cela dit, l'étude préliminaire déjà faite des roches lui permettra d'en établir rapidement la classification suivante, qui servira de point de départ à tout ce qui suivra pour l'étude de la formation de la croûte terrestre :

1º Roches primitives, cristallophylliennes, constitutives du terrain primitif ;

2º Roches sédimentaires, stratifiées, constitutives des terrains de sédiments ;

3º Roches éruptives, ignées.

Pour chacune de ces divisions, il passera en revue successivement les caractères généraux, le mode de formation, la chronologie et la classification quand il y aura lieu, la répartition géographique en France et, en particulier, dans la contrée.

Comme caractères généraux, il n'oubliera pas de faire ressortir que les roches ou terrains primitifs (gneiss, micaschistes, etc.) disposés par bancs parallèles, ont leurs éléments cristallisés et sont feuilletés ; que les roches ou terrains sédimentaires (grès, calcaires, argiles, etc.) sont également disposés par bancs parallèles, renferment des fossiles ou restes d'animaux et de végétaux variables de forme avec la profondeur des couches qu'ils serviront à caractériser, mais n'ont pas leurs éléments cristallisés ; enfin, que les roches éruptives (granite, porphyre, trachyte, basalte, etc.) se trouvent en masses, sans aucune direction d'assises, et sont à éléments cristallisés.

Pour le mode de formation, il aura bien soin d'insister sur les différences essentielles qui existent entre les trois groupes :

1° Les roches primitives, formées à l'époque où la terre, — étant admise l'hypothèse de son incandescence originelle, — cesse d'être fluide en perdant de la chaleur, et se recouvre d'une pellicule solide qui s'est accrue depuis et s'accroît encore en épaisseur de dehors en dedans : elles sont le résultat d'une solidification par refroidissement ;

2° Les roches sédimentaires, formées au sein de liquides, le plus souvent, l'eau des mers, des lacs et des rivières, par le transport et le dépôt de matières provenant surtout de la désagrégation des roches déjà existantes, sous l'action des agents extérieurs : elles sont le produit d'une stratification progressive qui commence avec les premières traces de solidification et se continue encore de nos jours ;

3° Les roches éruptives formées à des intervalles de temps très irréguliers, mais dès l'époque primitive : elles sont le résultat de la sortie, à travers les dislocations de l'enveloppe terrestre, de masses en fusion plus ou moins étendues, qui se sont solidifiées en conservant à leurs éléments l'allure cristalline et en produisant les premières saillies du sol.

A ces données, on rattachera les filons, puis les

roches métamorphiques dont un des caractères essentiels est le changement de structure, très souvent le passage de l'état amorphe à un autre plus ou moins cristallin, sous l'influence de l'eau, de la chaleur et de la pression, dans les mouvements orogéniques ; et l'on essaiera de faire comprendre comment un grès peut se transformer en gneiss, en granite ou en quartzite, un calcaire compacte en marbre, et comment les impuretés de ces roches peuvent produire dans leur masse des cristaux de mica, de hornblende, de grenat, de feldspath, etc.

Quant à la classification, les terrains primitifs affectant la même disposition que les terrains sédimentaires, on les comprendra dans le même travail, qui présentera ainsi les cinq divisions principales suivantes :

1° Ère primitive ou azoïque,
2° — primaire ou paléozoïque,
3° — secondaire ou mésozoïque,
4° — tertiaire ou néozoïque,
5° — quaternaire ou moderne.

Mais avant d'entrer dans le détail, il sera utile de faire un résumé très succinct des classifications zoologique et botanique pour permettre aux élèves de se retrouver plus facilement au milieu des indications relatives aux fossiles des divers terrains.

Ensuite, on caractérisera de la manière la plus nette et la plus précise chacune de ces grandes époques, en faisant surtout ressortir :

Que la première se distingue de toutes les autres

par l'absence de tout débris d'organisme vivant et la nature schisteuse de ses roches ;

Que la seconde est le règne des invertébrés (trilobites, spirifers, productus, goniatites, etc.) (fig. 9, 10,

Fig. 9. — Trilobite
(Calimene Blumenbachii).

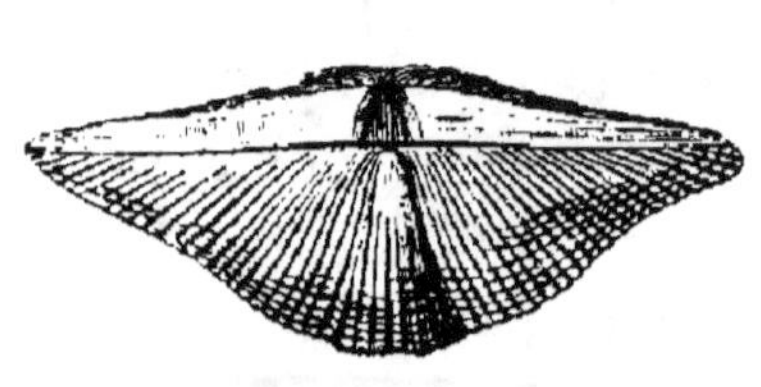

Fig. 10. — Spirifer Verneuili.

Fig. 11. — Productus semireticulatus.

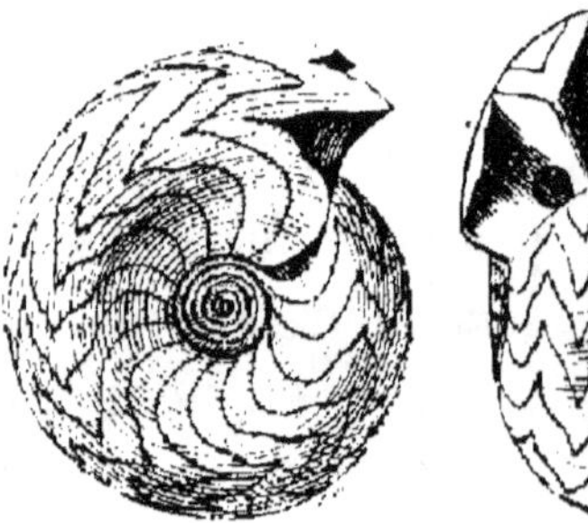

Fig. 12. — Goniatites.

11, 12), des poissons, des plantes houillères (cryptogames et gymnospermes), tous êtres dont les types sont très éloignés de ceux du temps présent ; qu'elle est formée particulièrement de schistes, de grès et de calcaires compactes ; qu'elle a vu se faire la première ébauche des continents ;

Que la troisième est le règne des ammonites
(fig. 13), des bélemnites (fig. 14), des grands reptiles,
des plantes gymnospermes (cycadées et conifères),
dont les types sont les précurseurs du monde actuel ;
qu'elle est formée spécialement de calcaires, de marnes, d'argiles et de craie ;

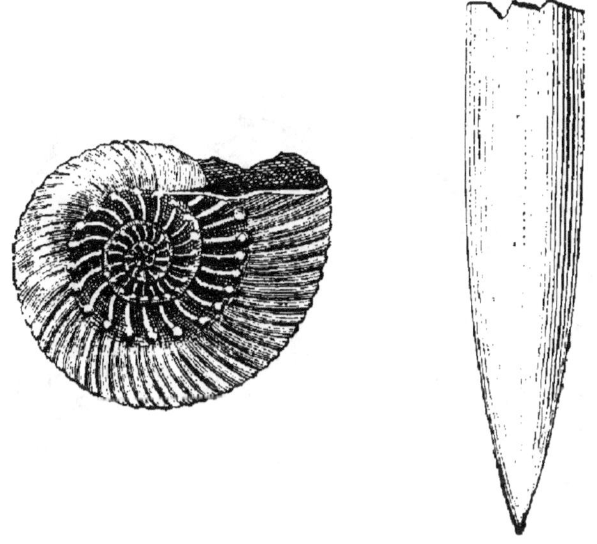

Fig. 13. — Ammonite Humphriesianus.   Fig. 14. — Bélemnite.

Que la quatrième est le règne des nummulites,
(fig. 15), des gastéropodes (cerithium, fusus etc.)
(fig. 16, 17), des acéphales, des oiseaux, des mammifères, des plantes angiospermes, dont les types sont
bien près d'être ceux des temps modernes ; qu'elle est
formée surtout de calcaires, de marnes et de sables ;
qu'elle a vu se faire la délimitation à peu près défini-
tive des continents ;

Que la cinquième est marquée par l'apparition de

l'homme, la présence de la flore actuelle, les grands glaciers et les grands cours d'eau, et des roches qui sont des alluvions, des blocs erratiques, des tourbières, etc.

Passant ensuite au détail de ces divisions, il suffira de faire connaître, pour l'ère primitive, l'ordre de superposition des roches qui la constituent ; pour l'ère pri-

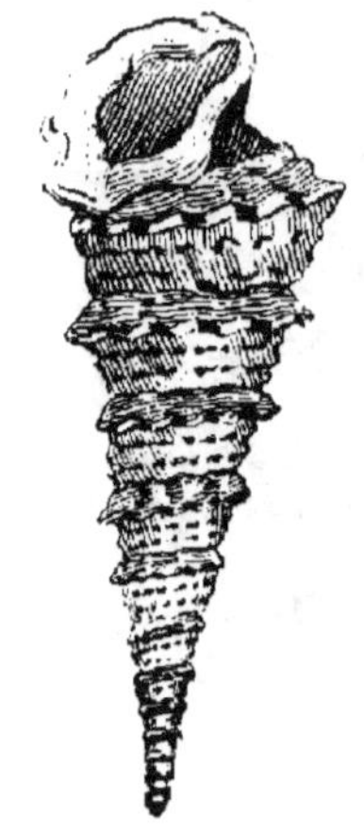

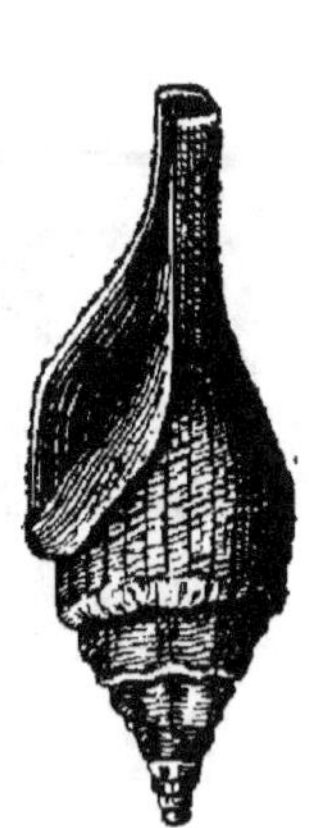

Fig. 15. — Nummulites.   Fig. 16. — Cerithium   Fig. 17. — Fusus.
tricarinatum.

maire, on indiquera les cinq périodes classiques, cambrienne, silurienne, dévonienne, carbonifère et permienne ; pour les ères secondaire et tertiaire, leurs trois périodes respectives, triasique, jurassique et crétacée d'une part, éocène, miocène et pliocène de l'autre ; enfin, pour l'ère quaternaire, on pourra, comme le proposent certains géologues, adopter la division en âges de la pierre taillée, de la pierre polie, du bronze et du fer.

Chacune de ces subdivisions sera caractérisée à son tour par la nature et l'origine de ses roches, ainsi que par les fossiles qu'on y rencontre le plus souvent

Fig. 18. — Nereites cambrensis.

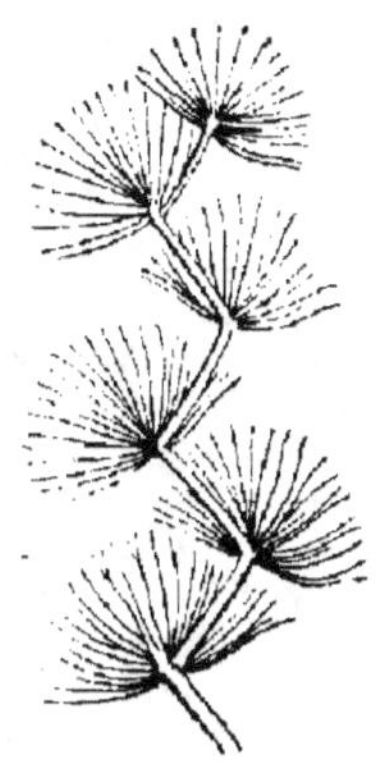

Fig. 19. — Oldhamia antiqua.

ou en plus grand nombre, par ceux surtout qui ne se trouvent pas ailleurs.

Fig. 20. — Graptolithes.

On signalera en particulier :

Pour le terrain cambrien, les néréites (fig. 18) et les oldhamia (fig. 19) ;

Pour le silurien, les graptolithes (fig. 20) ;

Pour le dévonien, les stringocephalus (fig. 21) et les calceola (fig. 22);

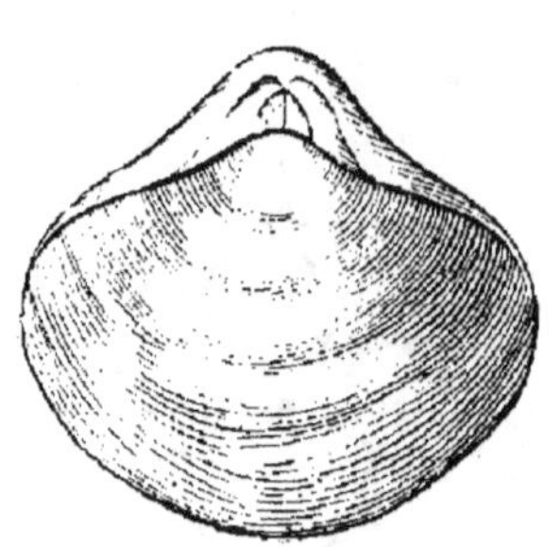 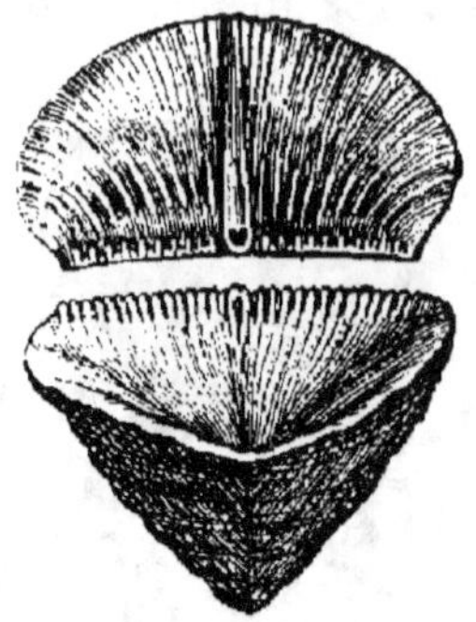

Fig. 21. — Stringocephalus Burtini   Fig. 22. — Calceola sandalina.

Pour le carbonifère, les fusulines (fig. 23) et les plantes de la houille (fig. 24);

Fig. 23. — Fusulina cylindrica   Fig. 24. — Pecopteris arborescens.

Pour le permien, les walchia (fig. 25);

Pour le trias, les encrines (fig. 26) et les cératites (fig. 27);

Pour le jurassique, les avicula (fig. 28) et les gryphées (fig. 29);

Pour le crétacé, les micraster (fig. 30), les criocères

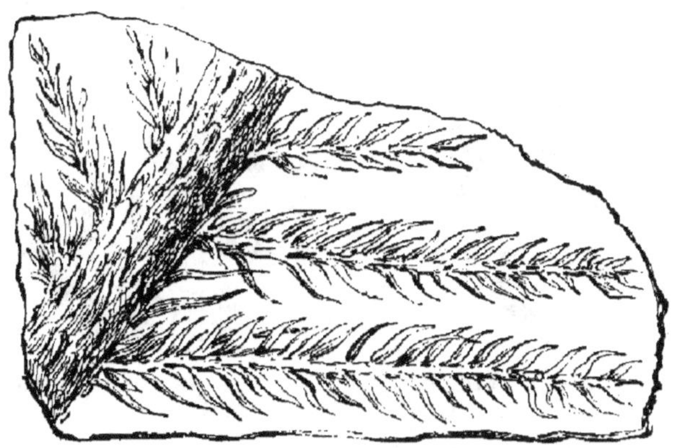

Fig. 25. — Walchia piniformis.

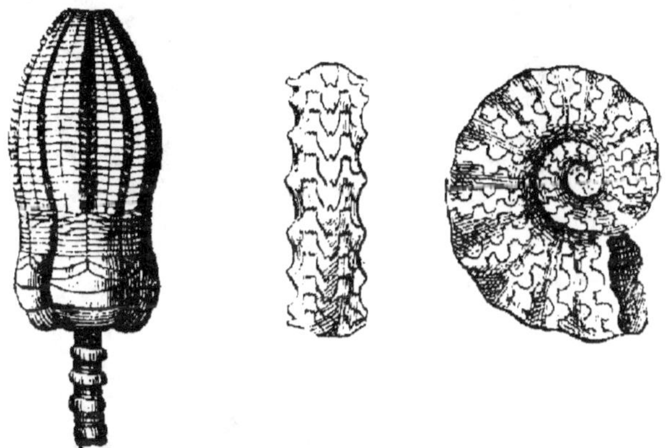

Fig. 26. — Encrinus liliiformis.

Fig. 27. — Ceratites.

Fig. 28. — Avicula contorta.

Fig. 29. — Gryphœa arcuata.

(fig. 31), les hippurites (fig. 32) et les inocérames
(fig. 33);

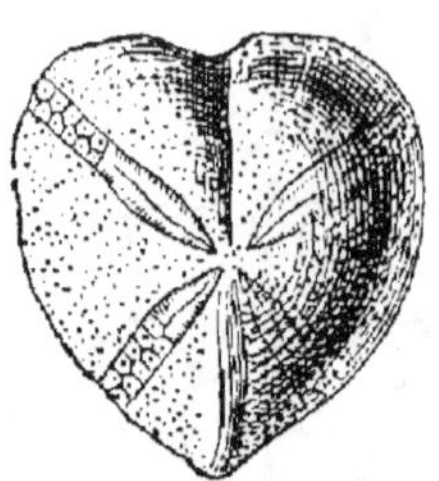

Fig. 30. — Micraster coranguinum

Fig. 31. — Crioceras Duvali.

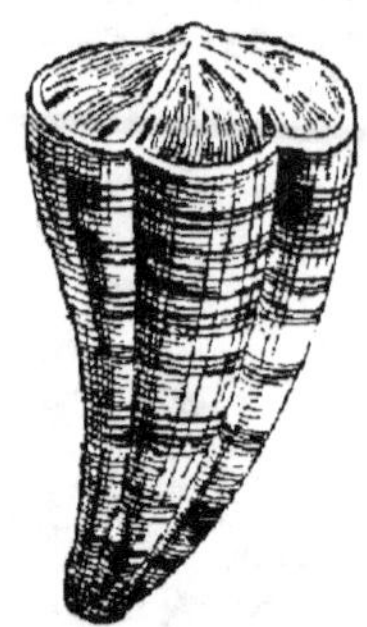

Fig. 32. — Hippurites organisans.   Fig. 33. — Inoceramus labiatus.

Pour l'éocène, les crassatella (fig. 34) et les physa
(fig. 35):

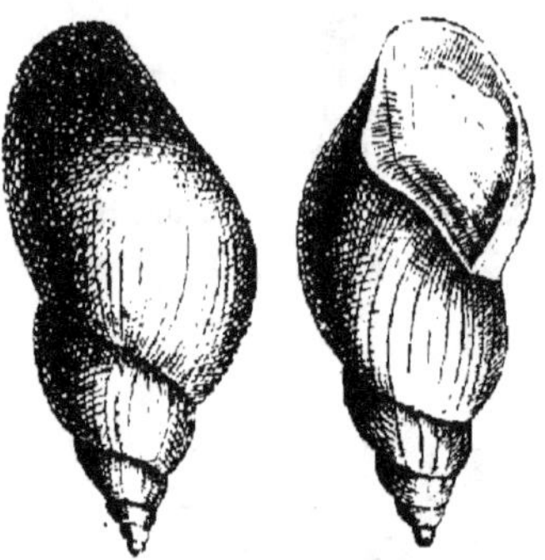

Fig. 34. — Crassatella ponderosa.   Fig. 35. — Physa gigantea.

Pour le miocène, les clypeaster (fig. 36), les amphistegina (fig. 37);

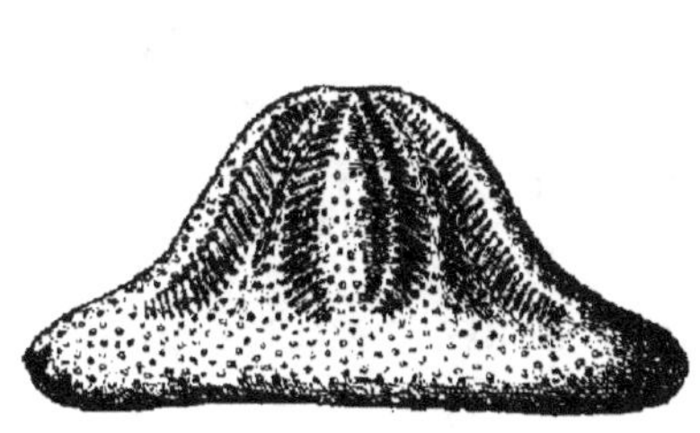

Fig. 36. — Clypeaster.

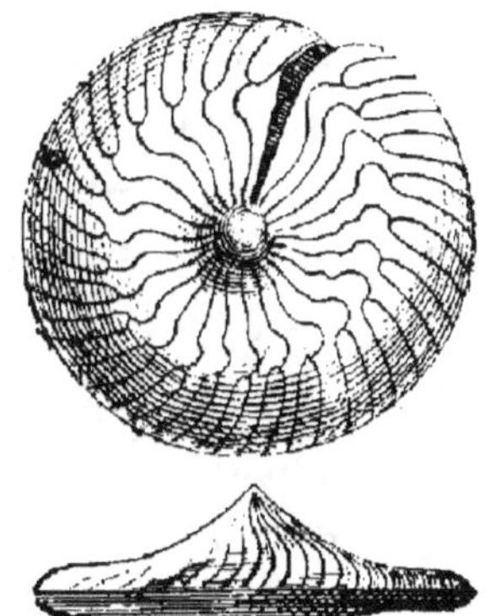

Fig. 37. — Amphistegina
Haueri.

Et pour le pliocène, les chenopus (fig. 38), les nassa
(fig. 39), les cyprina (fig. 40).

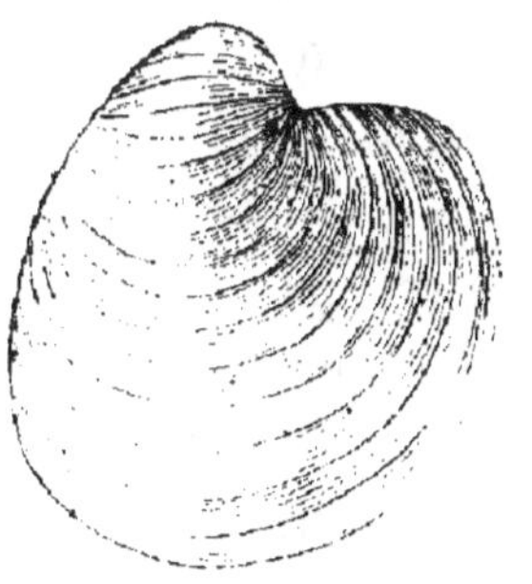

Fig. 38. — Chenopus   Fig. 39. — Nassa reticosa.   Fig. 40. — Cyprina
  pes pelicani.   islandica.

Nous conseillons de ne pas trop étendre la nomen-
clature des terrains, de s'en tenir le plus souvent à
ces premières subdivisions et d'éviter d'autre part une

trop longue énumération de fossiles et d'assises. Les élèves devront savoir cependant que chaque période comprend plusieurs époques ou étages, mais sans qu'il soit nécessaire d'entrer pour eux dans d'autres détails, si l'on excepte toutefois les terrains jurassiques et crétacés qui demandent peut-être un examen plus approfondi.

Il sera utile d'ajouter à cette étude que tous les terrains sédimentaires ne se rencontrent pas en chaque point du globe, que partout il est des couches stratigraphiques qui font défaut : en un mot, que pour un lieu déterminé, la série complète présente invariablement des *lacunes* plus ou moins nombreuses.

On fera bien de clore ce chapitre par quelques considérations relatives à la succession et au perfectionnement progressif des êtres vivants pendant les temps géologiques, en faisant remarquer que la vie est d'abord marine, que les plantes et les animaux se sont montrés en suivant l'ordre ascendant des types inférieurs aux types supérieurs ; mais que le progrès ne s'est pas toujours manifesté par l'apparition première des formes inférieures d'un ordre, d'une classe ou d'un embranchement : les fougères, par exemple, ont précédé les mousses, et le bœuf n'est venu qu'après le singe.

On donnera, quand il sera possible, les causes d'extermination des espèces disparues, et l'on n'oubliera pas de dire quelques mots sur l'homme préhistorique.

La classification des roches éruptives suivra celle des deux autres catégories, mais elle devra être précédée de leur chronologie.

Pour cela, après avoir démontré que la preuve des éruptions se fait par la fracture et le redressement des couches, — primitivement continues et le plus souvent horizontales, — ainsi que par des phénomènes de métamorphisme, le professeur s'appliquera à faire comprendre comment on a pu établir d'une manière assez sûre l'âge et l'ordre de succession de ces roches par l'inspection de celles qu'elles ont traversées ou dérangées de leur position primitive ; et il conclura par l'existence de deux séries bien distinctes d'éruptions : une série ancienne et une série moderne; la première commençant avec les terrains primitifs pour se terminer avec la période permienne; la seconde débutant avec l'ère tertiaire et se continuant pendant la période actuelle : les deux séries étant ainsi séparées l'une de l'autre par un long intervalle de temps qui comprend à peu près toute l'ère secondaire.

Cette chronologie s'établira ainsi qu'il suit :

SÉRIE ANCIENNE (Des origines au trias)	Roches granitiques *(Périodes cambrienne et silurienne)*	Granite, syénite, diorite.
	Roches granulitiques. . . . . *(Période dévonienne)*	Granulite, pegmatite
	Roches porphyriques. . . . . *(Période carbonifère)*	Porphyres.
	Roches mélaphyriques. . . . . *(Période permienne)*	Serpentines.

Série moderne (De l'éocène à nos jours)	Roches trachytiques	Trachyte, phonolithe, obsidienne, ponce.
	Roches basaltiques	Basalte, dolérite.
	Roches diverses. . .	Serpentines, rétinites.

La classification de ces roches, basée sur leur composition et leur texture, pourra se résumer dans un tableau (p. 51) qui permettra en outre de remarquer, en le rapprochant de ce qui précède :

1° Que les roches à éléments cristallisés appartiennent généralement à la série ancienne et que les autres rentrent pour le plus grand nombre dans la série moderne ;

2° Que les roches acides sont feldspathiques avec quartz libre et que les roches neutres et basiques sont pour le très grand nombre feldspathiques sans quartz libre, ce dernier minéral étant remplacé le plus souvent par l'amphibole dans le premier groupe et par le pyroxène dans le second.

L'étude des roches éruptives sera logiquement complétée par des aperçus, aussi précis que le permet l'état actuel de la science, sur l'origine des montagnes. Tout en reconnaissant que certaines fractures, des éruptions volcaniques, peuvent produire des inégalités marquantes sur la surface de la terre, il importera de dire que la grande cause qui a présidé à la formation des montagnes c'est le plissement de l'écorce terrestre, provoqué par le refroidissement et la contraction du globe, et suivi de cassures et de

CLASSIFICATION DES ROCHES ÉRUPTIVES

GROUPES	TYPE GRANITOIDE (Cristallin)	TYPE TRACHYTOIDE (Mixte)	TYPE VITREUX (Amorphe).
Roches acides ou légères	Granite, Granulite, Protogine, Pegmatite, Porphyre quartzifère.	Porphyre pétrosiliceux.	Rétinites.
Roches neutres	Syénite.	Trachyte, Phonolithe.	Obsidienne, Ponce.
Roches basiques ou lourdes	Diorite, Dolérite, Serpentines.	Basalte.	

failles ; qu'il n'y a pas eu de poussée verticale des matières fondues contenues dans son intérieur et que leur sortie a été la conséquence des ruptures qui se sont produites ; en un mot, que les roches éruptives sont restées passives dans les phénomènes orogéniques. Et l'on mentionnera les trois grandes zones de plissements qui se sont formées sur l'ancien continent, deux pendant l'ère primaire, la troisième pendant l'ère tertiaire, en faisant remarquer le déplacement progressif du phénomène du nord vers le sud.

Ici trouvera place cette importante indication que l'âge d'une montagne se détermine par celui de la dernière assise des roches sédimentaires avoisinantes qui ont subi les effets de la dislocation.

On terminera ce chapitre de la formation de la croûte terrestre par un aperçu rapide de la répartition géographique, en France et particulièrement dans la région où se trouve l'école, des diverses catégories de terrains étudiés.

Les roches n'ont pas toutes conservé leur disposition première ; par les bouleversements du sol, les unes ont pris des directions obliques ou verticales, d'autres se sont divisées suivant une large fracture, et tandis que l'une des parties restait fixe, la seconde s'abaissait ou s'élevait. Il en est résulté que si la terre végétale disparaissait, on verrait non pas une couche uniforme, la dernière formée, mais les affleurements d'une très grande variété de roches présentant, comme nous l'avons dit en commençant, les couleurs les plus différentes et une distribution des plus irrégulières.

Ce sont ces considérations qui serviront de base au professeur pour exposer la répartition géographique des principaux terrains et fournir des données sur l'exploitation d'un grand nombre de gisements importants de roches et de minéraux.

Il conviendra de citer à cet égard :

1° Dans la répartition des terrains primitifs et sédimentaires :

Pour le terrain primitif, la Bretagne, le Cotentin, les Vosges, le Morvan, le Plateau Central, les Cévennes, les Alpes et les Pyrénées ;

Pour le cambrien, les Ardennes et la Bretagne ;

Pour le silurien, la Bretagne et la Normandie ;

Pour le dévonien, les Ardennes ;

Pour le carbonifère, le bassin franco-belge et le centre de la France ;

Pour le permien, les environs d'Autun, de Lodève et les Vosges ;

Pour le trias, la Lorraine et les Alpes ;

Pour le jurassique, le Jura, la Lorraine, la ceinture du bassin de Paris et celle du Plateau Central ;

Pour le crétacé, le bassin de Paris, la Normandie, le Maine, la Touraine, les Charentes et la Provence ;

Pour l'éocène, le bassin de Paris et celui de la Garonne ;

Pour le miocène, le bassin de Paris et celui du Rhône, la Limagne d'Auvergne et le sud-ouest de la France ;

Pour le pliocène, le bassin du Rhône et le littoral méditerranéen ;

Pour le quaternaire, les vallées des fleuves et des rivières ;

Pour le terrain volcanique, l'Auvergne.

2° Dans la répartition des roches éruptives :

Les Vosges, la Bretagne, le Plateau Central, pour le granite, la syénite, la diorite, la granulite, la pegmatite ;

Les Vosges et le Plateau Central, pour les porphyres et la serpentine ;

L'Auvergne pour les rétinites, la dolérite, les trachytes, les obsidiennes, les ponces et les basaltes ;

Les Alpes pour la protogine.

3° Comme gisements exploités :

de granites : la Bretagne, les Alpes, le Cotentin et les Vosges ;

de porphyres : les Vosges, le Morvan, l'Auvergne, les Alpes ;

de basaltes et de trachytes : l'Auvergne ;

d'ardoises : le Maine, les Ardennes ;

d'argiles : l'Ile-de-France, la Bourgogne, le Nivernais, la Lorraine, la Flandre, la Normandie, etc. ;

de kaolin : le Limousin, l'Allier, la Manche ;

de grès : Fontainebleau, Palaiseau, les Vosges, la Champagne ;

de meulières : la Beauce et la Brie (la Ferté-sous-Jouarre) ;

de calcaires : les environs de Paris, la Bourgogne ;

de calcaires lithographiques : Châteauroux, Bellay, Dijon ;

de marbres : les Pyrénées, les Alpes ;

de ciments : la Bourgogne ;

de craie : Meudon, Bougival, Troyes ;

de marnes : les environs de Paris, Seine-et-Oise, Oise, Aisne, Somme, etc. ;

de gypse : les environs de Paris, Seine-et-Marne, Seine-et-Oise ;

de sel : Salins, Lons-le-Saulnier, les marais salants de l'Ouest et du Sud-Ouest de la France ;

de graphite : l'Ariège ;

d'anthracite : la Basse-Loire ;

de houille : le Nord, le Centre et le Midi de la France ;

de lignites : les Bouches-du-Rhône, les Basses-Alpes, l'Ardèche ;

de tourbe : la Somme ;

de bitume : l'Ain, les Landes ;

de pétrole : l'Hérault (Gabian) ;

de galène : la Bretagne, l'Auvergne (Pontgibaud) ;

de minerais de fer : le Cher, la Nièvre, l'Allier, la Haute-Saône, l'Ariège, la Meuse, Meurthe-et-Moselle, la Bretagne, etc.

Les gisements de minéraux exploités en France sont très peu nombreux. Les beaux échantillons nous viennent de l'étranger ; cependant on peut signaler dans notre pays le Dauphiné pour le quartz, l'Auvergne pour le feldspath orthose, le pyroxène augite, etc.

Ces renseignements étant donnés, toute la partie relative à l'étude des terrains serait résumée dans un tableau synoptique où figureraient, pour chaque ère et chaque période, les roches et les éléments organiques caractéristiques (p. 60 à 63). Un second tableau synchronique des sédiments, des phénomènes orogéniques et marins, et des progrès de la vie sur le globe complèterait très utilement le premier (p. 64).

§ IV. — GÉOLOGIE APPLIQUÉE.

Les applications de la géologie sont des plus nombreuses et des plus intéressantes avons-nous déjà dit. Toutefois, nous n'attirerons ici l'attention des maîtres que sur les principales d'entre elles que nous grouperons ainsi :

1° Étude du sol de la France ;

2° Notions sommaires de géologie départementale ;

3° Distribution géographique des plantes et des animaux terrestres ;

4° Étude et exécution de travaux publics ;

5° Applications à l'agriculture ;

6° Applications à la géographie physique ;

7° Utilisation des roches et des minéraux.

L'étude du sol de la France et du département en particulier sera précédée de notions simples sur les coupes et les cartes géologiques ; on montrera que très différentes par leurs éléments et leur exécution, ces deux espèces de dessin se complètent l'une l'autre dans la représentation d'une région ; et l'on mettra sous les yeux des élèves des spécimens de chaque genre de travail, en disant quelques mots des procédés en usage pour relever une coupe suivant une direction donnée et pour dresser la carte d'une éten-

COUPES GÉOLOGIQUES

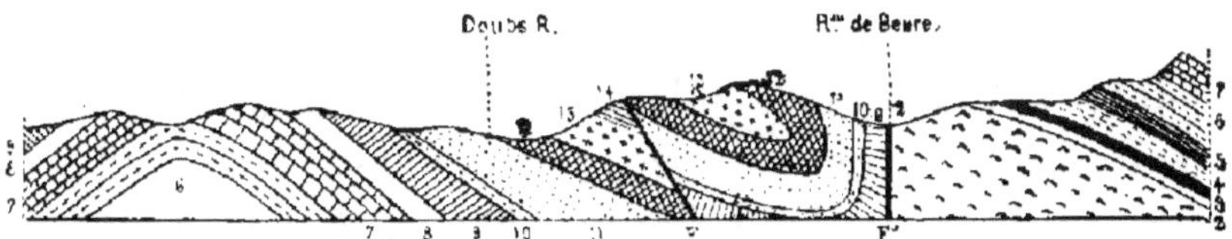

Fig. 41. — Coupe normale à la direction des chaînes du Jura prise au sud de Besançon.

1, trias; 2 à 15, jurassique; F F' failles.

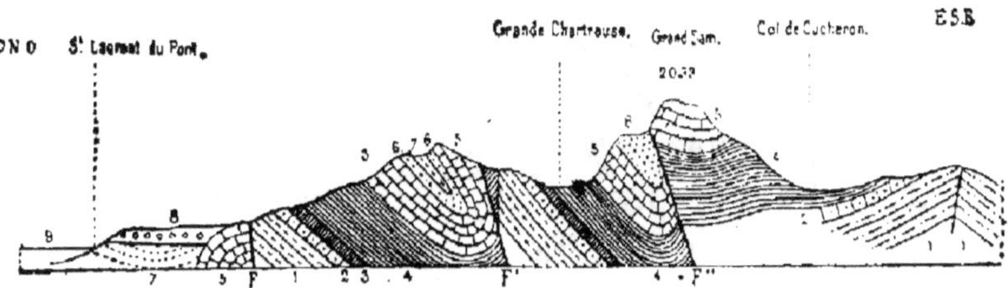

Fig. 42. — Coupe du massif de la Grande-Chartreuse.

1 à 3, jurassique; 4 à 6, crétacé; 7, miocène; 8, alluvions anciennes; 9, alluvions modernes; F F' F'' failles.

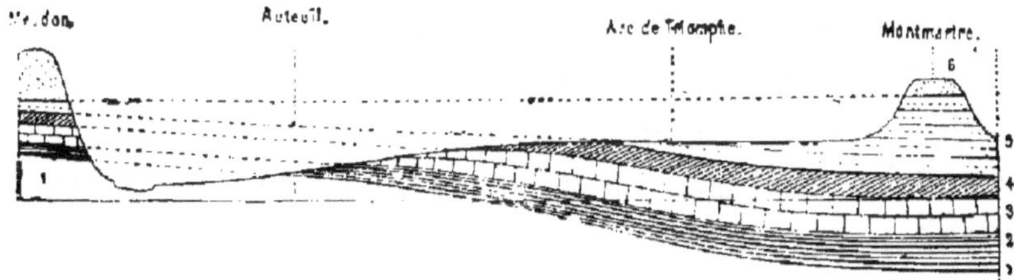

Fig. 43. — Disposition des couches tertiaires sous Paris

1, crétacé; 2 à 5, éocène; 5 et 6, miocène.

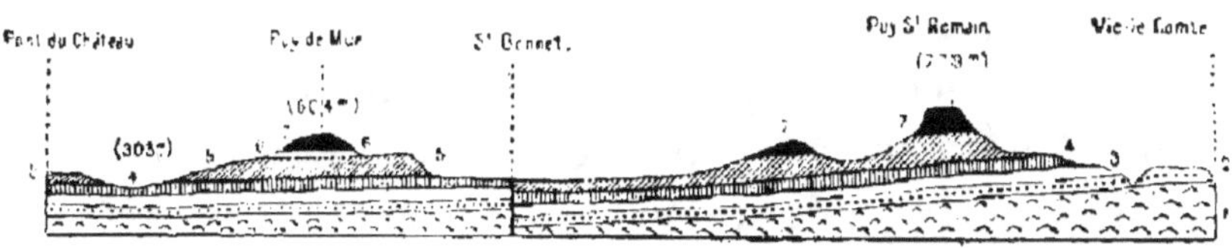

Fig. 44. — Coupe de la Limagne sur la rive droite de l'Allier.

1, granite; 2 à 6, miocène; 7 basalte.

due plus ou moins grande de terrain. Après cela,
viendra la description sommaire de la carte géologique
de la France, où l'on fera ressortir les particularités
remarquables qu'elle présente, notamment le Plateau
Central qui forme comme un axe au centre de notre
pays, et le fameux 8 d'Élie de Beaumont et Dufrénoy,
que dessine par ses affleurements le terrain jurassique.
On terminera par un très court exposé de la formation
de notre sol, et c'est à la suite que trouveront leur
place naturelle des données spéciales sur la constitution géologique du département.

La vie spontanée des plantes dépendant surtout du
climat et de la nature du sol, et la faune se trouvant
étroitement liée à la flore, le professeur, en prenant
ces faits pour base, expliquera la raison d'être de la
localisation des plantes ; il désignera celles qui annon-
cent un terrain granitique ou sablonneux, argileux ou
calcaire, et dira pourquoi certains animaux vivent
plutôt dans une région que dans une autre.

Il signalera comme travaux exigeant des connaissances géologiques approfondies, le forage des puits,
l'exploitation des mines et des carrières, la construction des chemins de fer, le percement des tunnels,
l'aménagement des sources minérales, la recherche
des nappes d'eaux souterraines, les ouvrages de forti-
fication, etc.

Relativement à l'agriculture, et sans entrer dans
son propre domaine, il dira comment se forme la terre
végétale : 1° par un mélange, avec des matières
organiques, de la roche sous-jacente qui se réduit en
fragments de plus en plus petits et subit le plus sou-

vent une transformation chimique ; 2° par les alluvions où croissent d'abord difficilement les plantes, mais où finissent par se fixer et donner des débris utiles aux êtres suivants des végétaux qui ne demandent qu'à l'atmosphère les principes de leur existence : des mimosas et des prêles sur les graviers, des plantes grasses sur les sables, etc. Il pourra rappeler la composition d'une terre franche, les propriétés et le rôle de chaque élément et les moyens d'améliorer les terres.

Il continuera en montrant la relation intime qu'il y a entre la géologie et la géographie physique d'un pays, la seconde s'expliquant par la première. Il mettra particulièrement en relief ce double fait très important que les continents, par leurs bords élevés et leur centre déprimé, présentent la forme d'un bassin, et que les côtes les plus hautes correspondent aux plus grandes profondeurs des océans. Il sera utile aussi de faire voir comment l'hypothèse tétraédrique des géologues rend compte de la manière d'être des mers et des continents : terres agglomérées dans l'hémisphère boréal ; trois masses continentales élargies au nord et terminées en pointes vers le sud ; rupture pour chacune d'elles dans le sens de la rotation de la terre ; déplacement vers l'est de la partie méridionale, etc.

Enfin, il terminera en indiquant les divers usages auxquels sont employés par l'industrie les roches et les minéraux.

ORDRE CHRONOLOGIQUE ET CARACTÈRES
ET DES TERRAINS

ÈRES	PÉRIODES	SUCCESSION DES ROCHES
Primitive ou Azoïque	PRIMITIVE	Gneiss granitoïde.......... Micaschistes............. Chloritoschistes, etc........
Primaire ou Paléozoïque	CAMBRIENNE	Schistes...................
	SILURIENNE	Grès, schistes (ardoises)....
	DÉVONIENNE	Grès, schistes............ Calcaires compactes (marbres).................... Schistes et grès micacés....
	CARBONIFÈRE	Calcaires noirs (marbres).... Grès et schistes houillers (Houille).................
	PERMIENNE	Grès rouge................ Schistes cuivreux.......... Calcaires magnésiens........

DISTINCTIFS DES TERRAINS CRISTALLOPHYLLIENS SÉDIMENTAIRES

FAUNES		FLORES	AGES
Annelés : Trilobites			
	Annelés : *Néréites,* *Oldhamia.*	Algues ?	Age des invertébrés
	Polypes : *Graptolithes,* Premiers poissons.	Algues	
	Polype : *Calcéole.* Mollusques : *Stringocephalus, Spirifer. Goniatite.* Poissons : *Ganoïdes hétérocerques.*	Cryptogames vasculaires : *Fougères,* *Lépidodendrons,*	Age des poissons
	Protozoaires : *Fusuline.* Mollusques : *Spirifer, Productus. Goniatite.* Poissons : *Sélaciens et ganoïdes.* Premiers reptiles.	*Calamites.* Gymnospermes : *Conifères,*	Age des plantes terrestres
	Mollusques : *Productus, Goniatite.* Poissons : *Sélaciens et Ganoïdes.* Reptiles.	*Sigillariées.* etc.	

Secondaire ou Mésozoïque	TRIASIQUE	Grès bigarrés............ Calcaire coquillier ou Muschel- kalk................. Marnes irisées (sel gemme, gypse).
	JURASSIQUE	Grès, calcaires, marnes...... Calcaires oolithiques....... Argiles, calcaires divers (pierres lithographiques)....
	CRÉTACÉE	Argiles, calcaires, sables verts. Craie verte, marneuse, blan- che, jaune.............
Tertiaire ou Néozoïque	EOCÈNE	Sables, calcaires, argiles..... Calcaire grossier.......... Gypse...............
	MIOCÈNE	Calcaires, sables, meulières.. Sables coquilliers (faluns), grès calcaire (molasse).......... Marnes et grès...........
	PLIOCÈNE	Marnes............... Sables et graviers à osse- ments...............
Quaternaire ou Moderne	RÉCENTE	Blocs erratiques (époque gla- ciaire............... Alluvions anciennes (diluvium, loess)............... Tufs, cavernes et brèches à ossements............ Tourbières.............

<table>
<tr>
<td rowspan="3">Mollusques : Ammonites, bélemnites.
Vertébrés : Grands reptiles.</td>
<td>Echinodermes :
Encrines.
Mollusques :
Cératites.</td>
<td rowspan="3">Gymnospermes : Cycadées et conifères.</td>
<td>Cryptogames vasculaires :
Fougères, Calamites.</td>
<td rowspan="3">Age des reptiles</td>
</tr>
<tr>
<td>Echinodermes :
Clypeus.
Mollusques :
Avicula, Gryphée.
Premiers oiseaux.
Premiers mammifères :
Marsupiaux.</td>
<td>Cryptogames vasculaires :
Fougères.</td>
</tr>
<tr>
<td>Echinodermes :
Micraster, Ananchyte.
Mollusques :
Criocère, Hamite, Turrilite, Inocérame, Hippurite, etc.
Premiers poissons osseux.</td>
<td>Cryptogames vasculaires :
Fougères.
Premiers angiospermes.</td>
</tr>
<tr>
<td rowspan="3">Protozoaires : Nummulites.
Mollusques : Gastéropodes (cérithium, fusus), acéphales.
Vertébrés : Mammifères.</td>
<td>Mollusques :
Crassatella, Physa.
Pachydermes.</td>
<td rowspan="3">Angiospermes.</td>
<td rowspan="3">Age des mammifères.</td>
</tr>
<tr>
<td>Protozoaires :
Amphistegina.
Echinodermes :
Clypeaster.
Pachydermes,
Ruminants.</td>
</tr>
<tr>
<td>Mollusques :
Nassa, Cyprina.
Chenopus.
Proboscidiens.</td>
</tr>
<tr>
<td colspan="2">Faune peu différente de la faune actuelle.

Extinction des grands mammifères.

Apparition de l'homme.</td>
<td>Flore actuelle</td>
<td>Age de l'homme</td>
</tr>
</table>

TABLEAU SYNCHRONIQUE DES GRANDS PHÉNOMÈNES TERRESTRES

ÈRES	STRATIFICA-TIONS	FORMATION DES MONTAGNES	ÉRUPTIONS PRINCIPALES	FORMATION ET CLIMAT DES CONTINENTS	PROGRÈS DE LA VIE
Primitive	Primitive....		Granite gneissique		
Primaire	Cambrienne..	Scandinaves Bretagne Plateau Central Cévennes Ardennes Vosges Bohême etc.	Granite Syénite Diorite	Ébauche des Continents	*Vie aquatique* Algues Invertébrés *Commencement de la vie aérienne*
	Silurienne...				
	Dévonienne..		Granulite Pegmatite	—	*Vie aquatique et aérienne* — Cryptogames vasculaires Gymnospermes
	Carbonifère.		Porphyres Serpentines	Climat uniforme	— Mollusques Premiers insectes Poissons Premiers reptiles
	Permienne...				
Secondaire	Triasique....			Envahissements et retraits successifs des eaux dans le bassin anglo-parisien	Premiers angiospermes — Insectes Reptiles Premiers oiseaux Premiers mammifères.
	Jurassique...				
	Crétacée....				
Tertiaire	Éocène......	Pyrénées Apennins Alpes Jura Carpathes Himalaya etc.	Serpentines Trachytes Basaltes Dolérite	Mer nummulitique Époque des grands lacs Mer molassique — Continents définis — Apparition des hivers	Angiospermes — Oiseaux Mammifères
	Miocène.....				
	Pliocène....				
Quaternaire	Récente.....	Volcans d'Auvergne	Laves	Grands glaciers Grands cours d'eau	Homme

§ V. — PROGRAMME DÉTAILLÉ

De tout ce qui précède, il résulte que le programme détaillé du cours de géologie pourrait être établi ainsi qu'il suit :

I. — Préliminaires.

Objet de la géologie.
Forme et dimensions de la terre.-- Son aspect extérieur.—
L'atmosphère.
Variété des matières extraites du sol.

II. — Éléments de la croûte terrestre.

Principales roches et minéraux constituants. — Leur étude élémentaire et leur classification.
Première idée de l'architecture du sol.

III. — Agents qui ont présidé à la formation de la croûte terrestre.

Agents extérieurs : l'atmosphère ; l'eau (eaux courantes, eaux d'infiltration, mer, glaciers) ; les êtres vivants. — Phénomènes d'érosion, de dégradation, de dissolution, de transport, de dépôt, d'incrustation.
Agents intérieurs : la chaleur centrale. — Volcans, geysers, sources thermales.
Tremblements de terre.
Affaissements et soulèvements du sol.

IV. — Formation de la croûte terrestre.

Roches et terrains primitifs : Caractères généraux, hypothèses sur leur formation ; principaux types ; répartition géographique en France, en particulier dans la contrée.

Roches et terrains sédimentaires : Caractères généraux, fossiles ; mode de formation ; division des terrains sédimentaires en terrains primaires, secondaires, tertiaires et quaternaires ; caractères distinctifs, rôle des fossiles ; lacunes ; progrès de la vie pendant les temps géologiques ; répartition géographique des terrains sédimentaires.

Roches éruptives : Caractères généraux ; mode de formation ; filons, métamorphisme ; chronologie des éruptions ; leur classification ; formation des montagnes ; répartition géographique des roches éruptives.

Principaux gisements des roches et des minéraux.

V. — Géologie appliquée.

Étude du sol de la France : Coupes et cartes géologiques ; carte géologique de la France ; histoire de la formation du sol de la France.

Notions sommaires de géologie départementale.

Distribution géographique des plantes et des animaux terrestres.

Étude et exécution de travaux publics.

Agriculture : La terre végétale ; sa formation.

Géographie physique : Ses rapports étroits avec la géologie ; hypothèse tétraédrique.

Utilisation des roches et des minéraux.

III

EXCURSIONS GÉOLOGIQUES

Les excursions géologiques seront le complément nécessaire du cours du professeur.

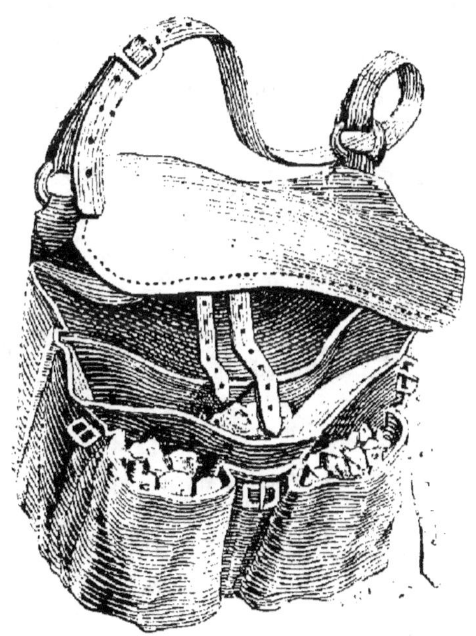

Fig. 45. — Sac de géologue excursionniste.

Elles auront surtout pour objet : l'observation des phénomènes géologiques actuels, l'étude des terrains de la région, et la recherche de minéraux, de roches et de fossiles.

Pour les faire, on devra se munir d'un outillage spécial.

§ I. — LES INSTRUMENTS DU GÉOLOGUE

Le matériel de campagne d'un géologue doit comprendre au minimum :

1º Un sac avec bretelle (fig. 45), pour loger une partie du matériel et les échantillons récoltés ;

2º Un marteau en acier, terminé d'un côté par une face plane et carrée, de l'autre par un biseau longitudinal ou une pointe quadrangulaire, pour détacher et façonner les échantillons d'espèce minérale ;

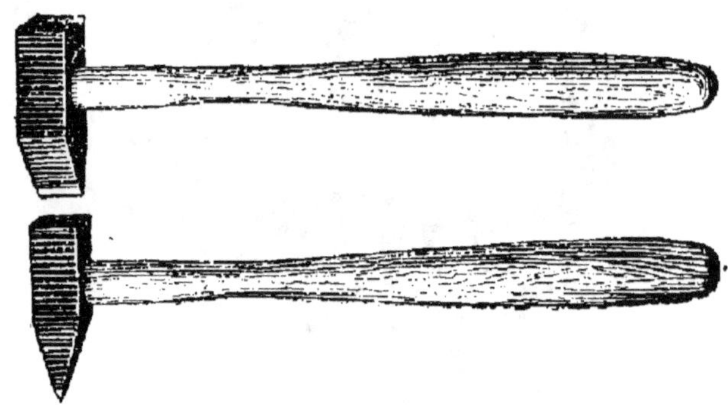

Fig. 46. — Marteaux.

3º Un ciseau à froid, pour aider au travail du marteau ;

4º Un aimant, pour recueillir dans les parties meubles les substances magnétiques ;

5º Un niveau, pour déterminer les différences de hauteur ;

6º Une boussole, pour relever des directions et des inclinaisons;

7º Une loupe, pour voir les menus détails;

Fig. 17. — Loupe à deux verres.

8º Un flacon à acide avec bouchon plongeant, pour reconnaître les calcaires;

Fig. 18. — Flacon à acide à bouchon plongeant.

9º Un chalumeau pour les essais au feu;

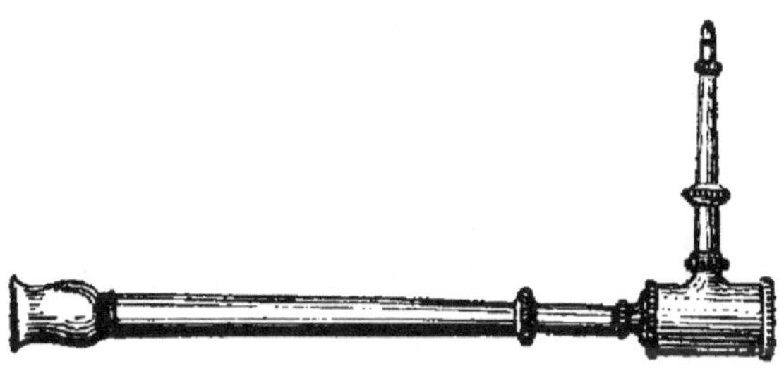

Fig. 19. — Chalumeau.

10° Une pince pour les menus objets;

Fig. 50. — Pince.

11° Un carré de toile métallique, pour extraire les fossiles des sables;

12° Une carte topographique, pour servir de guide et noter les points remarquables;

13° Dans les pays de montagnes, un baromètre anéroïde, pour l'appréciation des hauteurs où l'on se transporte.

Il va sans dire que le carnet de poche est de rigueur.

§ II. — OBSERVATION DE PHÉNOMÈNES GÉOLOGIQUES ACTUELS

À peu près partout, on pourra montrer aux élèves, avec les causes qui les produisent, plusieurs des principaux phénomènes géologiques actuels, tels que des érosions ou des dénudations de terrains produites par les vents, les pluies ou les eaux courantes; des délitations de roches causées par les éléments de l'atmosphère, l'eau ou la gelée; des dépôts formés dans les mares, les étangs ou les lacs, etc.

Dans certaines régions, on les mettra en présence d'érosions et de dépôts dus à l'action de la mer, de cordons littoraux, de mouvements de dunes, de dépôts et d'incrustations par des sources minérales, de glaciers, de tourbières, etc.; dans d'autres, d'éboulements, d'effondrements, de volcans éteints — nous n'en avons pas d'autres en France; — en d'autres termes, on devra visiter tout ce que la contrée offrira de particulier en fait de manifestation quelque peu marquante de l'un des facteurs de la dynamique terrestre.

§ III. — ÉTUDE ET RECONNAISSANCE DE TERRAINS

Pour faire l'étude géologique d'une localité, on profitera de tous les accidents qui mettent à découvert les roches qui la constituent, tels que les carrières, les tranchées des routes et des chemins de fer en construction, les fondations de maisons, les effondrements de terrains, les flancs dénudés des collines et des montagnes, les érosions fluviales ou marines, etc.

L'attention devra porter en particulier sur les trois couches supérieures du sol, la terre végétale, le sous-sol et la dernière assise de la roche, en faisant remarquer la faible épaisseur de la première et la nature de la seconde, qui tient de celle des deux autres et leur sert de transition.

Dans l'examen des couches visibles, les observations porteront sur l'aspect général de l'ensemble, la disposition de chaque strate, sa direction, son inclinaison, son épaisseur, sa nature, sa structure, les accidents qu'elle présente et, s'il y a lieu, les fossiles qu'elle renferme. On en déduira l'âge et le mode de formation.

On prendra des échantillons de chaque couche, des fossiles qu'elle peut contenir, et l'on fera un croquis de la coupe explorée avec l'indication de tous les caractères propres à en distinguer les différentes parties.

Pour acquérir une certaine habileté dans la détermination d'un terrain, il faut, indépendamment de connaissances lithologiques indispensables, se familiariser avec les fossiles caractéristiques des divers étages sédimentaires. Et quand on se trouve dans une région étudiée par un de nos maîtres en géologie, ce que l'on a de mieux à faire est de consulter la carte qu'il peut en avoir tracée, ou de suivre pas à pas les descriptions qu'il en aura données, en répétant, dans la mesure du possible, ses recherches, ses essais et ses observations.

§ IV. — RECHERCHE DE MINÉRAUX ET DE ROCHES

La recherche des minéraux et des roches se fera surtout dans les endroits dénudés, où la terre végétale a disparu et laisse voir les roches sous-jacentes, en visitant particulièrement les divers accidents du sol qui présenteront quelque différence avec son allure générale.

Elle sera facilitée, si la contrée est inconnue aux visiteurs, par les renseignements recueillis d'avance dans les ouvrages spéciaux ou publiés sur cette contrée; par l'examen des matériaux employés dans le pays pour les constructions en maçonnerie et l'empierrement des routes; par celui des sables et des cailloux roulés des rivières, des fragments ou détritus de roches entraînés par les torrents.

Les terrains les plus riches par la variété des minéraux et des roches sont ceux que les éruptions ont constitués; les moins riches sont les terrains sédimentaires qui n'ont subi aucune modification : entre ces deux catégories opposées se placent les terrains de métamorphisme.

Dans la récolte des minéraux, on conservera les échantillons tels qu'ils seront recueillis, quel qu'en soit le volume, mais on les débarrassera de la plus grande partie de leur gangue.

Pour les roches, on choisira de préférence les fragments qui présenteront les caractères ordinaires de l'assise, sauf à y joindre quelques-uns de ceux qui pourront en rappeler les particularités les plus saillantes. Et, pour rendre possible le remplacement des échantillons qui viendraient à être brisés ou détériorés par le façonnage, on fera ce travail sur place, au marteau, en tenant le morceau de roche à la main, afin que les cassures gardent leur netteté et leur fraîcheur. Quelques spécimens devront être conservés dans l'état où ils se présenteront, tels que les rognons, les stalactites, etc.

§ V. — RECHERCHE DE FOSSILES

Les terrains les moins riches en minéraux sont les plus riches en fossiles; néanmoins, il n'y a guère d'indications précises à donner pour faciliter les recherches de ce genre.

La distribution des fossiles dans les roches sédimentaires est très inégale et très irrégulière; ce n'est que par l'expérience qu'on arrive pour chaque site ou chaque région à connaître les endroits les plus favorables aux récoltes.

Toutefois les investigations devront porter spécialement sur les points où les terrains sont à découvert : carrières, tranchées, escarpements naturels, etc.

Les fossiles que l'on rencontre en plus grande quantité sont d'origine animale et appartiennent aux embranchements des mollusques, des rayonnés et des protozoaires.

Leur récolte demande souvent les plus grands soins. S'ils font partie de roches tendres ou friables, on les recueille sans difficultés; mais lorsqu'ils sont emprisonnés dans des roches dures, il faut d'abord les enlever avec la gangue qui les entoure, pour les en dégager ensuite, au moins sur une des faces, par le moyen du ciseau ou du couteau.

Pour les empreintes animales ou végétales, on détache avec précaution les parties de roches qui les portent, en leur donnant, si possible, la forme de plaques rectangulaires.

Dans les empreintes végétales, on recherchera de préférence celles qui ont des indications d'organes reproducteurs afin d'en faciliter la détermination.

Il sera utile, dans maintes circonstances, de recueillir les moules, soit intérieurs, soit extérieurs, surtout lorsqu'on ne pourra pas avoir autre chose de l'animal ; le moule extérieur permettra d'obtenir une représentation en plâtre du fossile disparu.

Les ossements des vertébrés ne donnent généralement lieu à aucune difficulté pour la récolte.

Mais on doit avoir grand soin de recueillir minutieusement les débris ou écailles de tout fossile qui ne se présente pas dans son entier, afin de le reconstituer dans les meilleures conditions, en en réunissant toutes les parties avec de la colle.

S'il en est qui ne puissent résister au toucher avant de les extraire de la roche, on les enduit de substances agglutinantes convenablement choisies.

§ VI. — EMPAQUETAGE ET ÉTIQUETAGE

Les échantillons recueillis, à quelque ordre qu'ils appartiennent, minéraux, roches ou fossiles, devront être séparément enveloppés avec soin dans des feuilles de papier ou des boîtes, en les entourant au besoin de coton.

Les sables seront placés de préférence dans de petits sacs.

Chaque échantillon recevra dans son enveloppe une étiquette sur laquelle seront indiqués très exactement sa provenance et la roche ou le terrain d'où il a été extrait.

Tous les paquets fragiles devront être séparés des autres dans le sac et mis en lieu sûr.

IV

TRAVAUX PRATIQUES

Les travaux du laboratoire comprendront spécialement le nettoyage des spécimens rapportés, leur détermination, le dernier coup de main au façonnage
des roches, et la mise en place de tous les échantillons.

§ I. — NETTOYAGE DES ÉCHANTILLONS

L'eau facilite souvent la séparation du minéral ou
du fossile de la gangue qui l'entoure et l'on ne doit
employer les acides, sous forme d'eau acidulée, qu'autant que les échantillons sont inattaquables.

C'est encore avec le ciseau ou le couteau qu'on fera
beaucoup pour le nettoyage.

Les fossiles qui ne peuvent être lavés ou sont sus-
ceptibles de se détériorer par l'humidité seront re-
couverts d'un vernis protecteur ou placés dans un
liquide propre à les conserver.

On enduira d'une solution sucrée de gomme arabique les échantillons meurtris, les surfaces qui tendront à se déliter, et l'on stéarinera les ossements qui présenteront le même défaut.

Avec un mélange de gomme arabique et de craie, ou bien avec du baume de Canada, on recollera les parties brisées des spécimens.

§ II. — DÉTERMINATION DES ÉCHANTILLONS

Pour déterminer un minéral, on suivra les indications que nous avons données au commencement de cette étude, sans négliger d'avoir recours à des comparaisons. Mais on devra renoncer très souvent à toute détermination, à cause des difficultés que l'on rencontre, surtout lorsqu'on est en présence d'une rareté.

La reconnaissance d'une roche n'est pas généralement plus facile que celle d'un minéral. Après avoir trouvé qu'elle appartient à la catégorie des pierres, des minerais ou des combustibles, on examinera, à l'œil nu ou à la loupe, si elle est simple ou composée. Dans ce dernier cas, on essayera de déterminer la nature de chacun de ses éléments; on se rendra compte ensuite de la structure cristalline ou amorphe, grenue, schisteuse ou compacte, granitoïde, porphyrique ou vitreuse, etc. ; on notera les propriétés physiques, et l'on aura souvent ainsi tous les éléments d'une détermination, que l'on pourra faciliter par le rapprochement du spécimen avec ceux des collections, et par l'emploi de tableaux ou de questionnaires dichotomiques.

Pour les fossiles, c'est par quelques connaissances paléontologiques, surtout en les comparant avec les échantillons classés ou avec les figures des ouvrages spéciaux, qu'on arrivera à donner à chacun le nom qui lui appartient. Si les ossements des oiseaux sont d'une détermination laborieuse, ceux des mammifères ne nécessitent que des recherches relativement faciles.

§ III. — ÉCHANTILLONNAGE DES ROCHES

Ainsi que le recommandent les instructions ministérielles, « on aura le soin de donner aux échan-« tillons la forme d'une plaquette rectangulaire de « 2 ou 3 centimètres d'épaisseur et de 8 centimètres « de longueur sur 5 centimètres de largeur. »

Ce travail, commencé avec le marteau sur le terrain, s'achèvera au laboratoire avec le ciseau ou la tenaille.

§ IV. — ORGANISATION DES COLLECTIONS

Il ne s'agit ici que des collections créées et entretenues par les élèves, de celles qui comprendront exclusivement les échantillons recueillis dans la région où se trouve l'école.

Elles se composeront, autant que possible, de minéraux, de roches et de fossiles, auxquels on donnera une place distincte dans les tiroirs ou les vitrines de l'établissement.

Chaque spécimen sera mis dans une boîte ouverte avec une étiquette qui en fera connaître le nom, le lieu d'origine et portera en outre, si c'est un fossile, l'indication de la roche où il aura été pris.

Pour les fossiles, on adopte parfois une autre disposition qui consiste à les fixer sur des cartons avec une pâte composée de gomme arabique et de craie.

Les tout petits échantillons sont conservés dans des tubes en verre.

Le rangement peut être fait d'après les classifications naturelles ou l'ordre chronologique. On adoptera pour les fossiles et les roches le second procédé, mais en suivant le premier pour les échantillons d'une même couche. Seuls les minéraux seront classés d'après leur composition chimique.

Quant au mobilier, si les vitrines sous forme de tables ou d'armoires ont l'avantage de présenter un coup d'œil agréable et de permettre d'avoir une prompte idée de ce qu'elles contiennent, elles sont encombrantes et souvent remplacées par des meubles à tiroirs.

§ V. — COUPES ET CARTES GÉOLOGIQUES

Ces divers travaux pourraient être heureusement complétés et couronnés par quelques dessins géologiques : des coupes, et la carte d'une étendue de terrain qui comprendrait, par exemple, le territoire de la ville où se trouve l'établissement avec celui de quelques communes environnantes.

Le premier genre de dessin doit figurer, avec couleurs conventionnelles, l'aspect que présenteraient, suivant une coupe verticale pratiquée à travers le sol jusqu'aux dernières profondeurs connues et d'après une direction donnée, les diverses couches d'un terrain, dans leur disposition, leur inclinaison, leur épaisseur, leur nature, leur structure et leurs diverses particularités. L'exécution comporte surtout des travaux de nivellement.

La carte géologique est le dessin colorié de l'aspect superficiel, dans des limites déterminées, des différentes roches qui sont en contact immédiat avec la terre végétale. Son tracé comprend essentiellement le relevé des courbes suivant lesquelles ces roches sont séparées les unes des autres à leur surface extérieure.

V

COLLECTIONS

Les collections sont les auxiliaires précieux et indispensables de l'enseignement des sciences naturelles.

Elles se composent, pour la géologie :

1º De minéraux ;

2º De roches ;

3º De fossiles ;

4º De planches et de cartes murales ;

5º D'un outillage de démonstration.

Chacune des trois ou quatre premières sections se subdivisera : 1º En collection *locale*, formée, entretenue et enrichie par les élèves, qui servira pour les notions de géologie départementale et aidera, comme nous l'avons dit, à la détermination ultérieure des spécimens rapportés à l'école ; 2º En collection *générale*, destinée aux besoins ordinaires du cours du professeur et des travaux du laboratoire. Les listes qui suivent ne concernent que cette partie générale des collections.

§ I. — MINÉRAUX

Comme il est nécessaire d'avoir sous la main des spécimens des principaux minéraux qui composent les roches, nous proposons les types suivants. Le spath d'Islande, qui figure dans notre liste, pourra servir à donner une idée du phénomène de la double réfraction.

Quartz.	Néphéline.
Feldspath orthose.	Leucite.
Sanidine.	Tourmaline.
Mica.	Grenat.
Amphibole hornblende.	Andalousite.
Pyroxène augite.	Staurotide.
Chlorite écailleuse.	Spath d'Islande.
Talc.	Magnétite.
Péridot olivine.	

§ II. — ROCHES

Nous reproduisons ici, avec l'indication en plus de quelques variétés, les noms des roches que comprennent les classifications que nous en avons données.

Roches éruptives. {
Granite, granulite, protogine, pegmatite, porphyre quartzifère.
Syénite.
Diorite.
Porphyre pétrosiliceux.
Trachyte, phonolithe.
Basalte, dolérite.
Rétinite.
Obsidienne, ponce.
Serpentine.
Galène, pyrite de fer, oligiste, limonite.
}

Roches cristallophylliennes. {
Gneiss.
Micaschiste, chloritoschiste, talcschiste, phyllade.
}

Roches sédimentaires. {
Sable, grès, silex, tripoli.
Argile, kaolin.
Craie, marbre, pierre lithographique, pierre à chaux, marne.
Gypse.
Graphite, anthracite, houille, lignite, tourbe, bitume, naphte.
}

§ III. — FOSSILES

Notre liste ne comprend que les fossiles les plus caractéristiques des ères et des principales périodes ; mais on pourra l'étendre à volonté, si le besoin s'en fait sentir.

Nous y avons introduit deux spécimens des instruments de l'homme préhistorique, appartenant aux époques archéolithique et néolithique, les deux plus anciennes de l'ère quaternaire.

Ère primaire.	Trilobite. Calceola sandalina. Stringocephalus. Spirifer. Productus. Végétal houiller.
Ère secondaire.	Ammonite. Bélemnite. Cératite. Gryphée arquée. Micraster. Hippurite.
Ère tertiaire.	Nummulites. Cerithium. Fusus. Crassatella. Chenopus. Nassa.
Ère quaternaire.	Dent d'un grand mammifère. Hache taillée. Hache polie.

§ IV. — PLANCHES ET CARTES MURALES

Le professeur accompagnera ses leçons de nombreux dessins tracés au tableau noir, mais il est des vues et des phénomènes qui ne pourront être présentés aux élèves qu'au moyen de planches établies d'avance avec beaucoup de soin.

D'autre part, il nous semble utile que l'école possède des coupes et des cartes géologiques.

Nous proposons la collection suivante :

1. — Vue d'une des principales cataractes du globe.

2. — Vue du grand cañon du Colorado.

3. — Vue et coupe d'une grande caverne.

4. — Vue d'une grotte à stalactites et à stalagmites.

5. — Vue des pyramides des fées près de Saint-Gervais (Haute-Savoie).

6. — Vue d'un glacier avec ses moraines.

7. — Carte de la mer de glace de Chamonix.

8. — Vue d'un volcan en activité.

9. — Vue de la chaîne des volcans éteints d'Auvergne.

10. — Vue du lac Pavin.

11. — Vue d'une colonnade basaltique.

12. — Vue d'un geyser.

13. — Plantes de la houille.

14. — Squelette d'un grand mammifère.

15. — Vue d'un dolmen.

16. — Habitations lacustres.

17. — Coupes d'une mine de houille.

18. — Coupes géologiques.

19. — Carte géologique de la France.

20. — Carte géologique du département.

§ V. — OUTILLAGE DE DÉMONSTRATION ET D'ÉTUDE

Ayant fait connaître précédemment les principaux instruments du géologue, dont l'école devra posséder plusieurs collections, nous nous arrêterons ici au matériel suivant :

1. — Une collection cristallographique élémentaire (naturelle, en bois, en carton ou en plâtre).

2. — Une échelle de dureté.

3. — Une douzaine de tubes à essai.

4. — Une douzaine de tubes courbés, ouverts aux deux bouts.

Avec ces indications sur les collections géologiques prend fin la tâche que nous nous étions donnée.

Puissions-nous avoir contribué pour quelque part à éclairer, à fortifier ou à faire aimer un enseignement dont l'intérêt est si vif et qui a nécessairement sa place réservée dans tout plan d'éducation générale !

TABLEAUX CONTENUS DANS L'OUVRAGE

TABLE DES FIGURES

————

TABLE DES MATIÈRES

Paris. — Imprimerie Alcide Picard et Kaan. — 1291. K. P.

ALCIDE PICARD ET KAAN, ÉDITEURS, PARIS

LES
TRAVAUX MANUELS
A L'ÉCOLE PRIMAIRE

A L'USAGE

DES ÉCOLES DE GARÇONS

Comprenant plus de 400 exercices et 441 figures dans le texte

PAR

DAUZAT
Inspecteur de l'Académie de Paris
Agrégé des Sciences
Officier de l'Instruction publique

DERAMOND
Ancien élève de l'école spéciale de travail
manuel et de l'école normale supérieure de
Saint-Cloud, professeur d'école normale

MÉDAILLE D'HONNEUR
DE LA SOCIÉTÉ D'INSTRUCTION ET D'ÉDUCATION POPULAIRES

Pliage. — Tissage. — Tressage. — Vannerie. — Découpage du papier et du carton. — Collage et cartonnage. — Modelage. — Moulage. — Travaux en fil de fer. — Treillage. — Notions sur les outils les plus usuels. — Travail du fer. — Travail du bois. — Stéréotomie. — Sculpture.

Un beau volume in-8 raisin, cartonné toile. . **3 fr.**

ALCIDE PICARD ET KAAN, ÉDITEURS, PARIS

PREMIÈRE ANNÉE

DE

DESSIN GÉOMÉTRIQUE

COURS THÉORIQUE ET PRATIQUE

A L'USAGE

Des Écoles normales
Et des Écoles primaires supérieures

PAR

A. BOUGUERET

AGRÉGÉ DE L'UNIVERSITÉ

PROFESSEUR AU LYCÉE SAINT-LOUIS, A L'ÉCOLE NORMALE SUPÉRIEURE

DE SAINT-CLOUD ET AUX ÉCOLES MONGE ET J.-B. SAY

Ouvrage adopté par la Commission du Ministère de l'Instruction publique
pour les bibliothèques des Écoles normales

Un volume in-4° couronne, contenant de nombreuses figures. Cartonné . . . . **2** »

DU MÊME AUTEUR

Le Dessin géométrique. Cours théorique et pratique à l'usage de la 1re année de l'enseignement secondaire spécial. In-4° avec de nombreuses figures, cartonné **1 20**